Physikalische Denkspiele

Robert Müller-Fonfara
Wolfgang Scholl

Physikalische Denkspiele

Aufgaben und Lösungen ausgefallener Probleme

BECHTERMÜNZ

Die Ratschläge in diesem Buch sind vom Autor und Verlag sorgfältig erwogen und geprüft; dennoch kann eine Garantie nicht übernommen werden. Eine Haftung des Autors bzw. des Verlags und seiner Beauftragten für Personen-, Sach- und Vermögensschäden ist ausgeschlossen.
Ein Teil der Aufgaben wurde mit freundlicher Genehmigung der Springer-Verlag GmbH & Co. KG, Berlin/Heidelberg, den Werken Certhsen/Vogel, Physik und Vogel, Probleme aus der Physik, entnommen.

Lizenzausgabe für den Bechtermünz Verlag, GmbH
Eltville am Rhein, 1993
ISBN 3 86047 044 2

Inhaltsverzeichnis

Vorwort

Durch eine immer größer werdende Technisierung unserer Umwelt sind ständig Berührungspunkte eines jeden mit physikalischen Problemstellungen und Phänomenen möglich. Wir denken dabei z. B. an die Vielzahl der physikalischen Aspekte der neuen Energiediskussionen, die vielseitigen Auswirkungen der Mikroelektronik oder etwa an die vielen sinnvollen (und auch überflüssigen) technischen Geräte des Alltags.
Wer sich in unserer Zeit noch zurechtfinden und selbstsicher entwickeln will, muß in der Lage sein, technische bzw. physikalische Zusammenhänge zu erfassen; er muß also, ganz schlicht ausgedrückt, unsere (Um-)Welt verstehen.
Ein solides physikalisches Grundverständnis läßt uns zum einen entstehende Probleme der technischen Umgebung rechtzeitiger erkennen (manchmal auch ganz vermeiden) und ihnen in geeigneter Weise begegnen; zum anderen ermöglicht ein physikalischer Grundstock oft eine sachgerechte Auseinandersetzung mit anderen Menschen zu vielen Fragen des Alltags und damit ein selbstsicheres Auftreten.
Dieses Buch soll dabei helfen, unsere unmittelbare Umwelt besser zu verstehen und komplex erscheinende Probleme zu entwirren. Oftmals stecken hinter gewaltig erscheinenden Phänomenen einfache Ursachen, die bei entsprechender Erklärung auch leicht verständlich werden.
Genau darin ist die Intention der Autoren dieses Buches zu sehen:
Es werden also viele alltägliche und nicht alltägliche Erscheinungen mit physikalischem Hintergrund so erklärt, daß keine mathematische oder physikalische Formel dabei zum Ver-

ständnis erforderlich wäre. Die Probleme werden in gleichem Maße eine reizvolle Herausforderung wie amüsante Unterhaltung für den Leser sein.

Mit diesem Buch wird somit eine sehr breite Leserschicht (im Prinzip jeder) angesprochen, die außer einer gewissen Lernbereitschaft keine Voraussetzungen für ein zufriedenes Studium des Buches mitzubringen braucht. Die vorkommenden Aufgaben und Probleme sind weder nach Sachgebieten noch nach einem (subjektiven) Schwierigkeitsgrad geordnet; wir hielten vielmehr eine abwechslungsreiche, zufällige Anordung für angebracht.

Die Verfasser wären für kritische Anmerkungen und weitere Anregungen der Leser dankbar.

Robert Müller
Wolfgang Scholl

Wettlauf

Klaus und Kläuschen machen ein Wettrennen über 100 m. Als Klaus die Ziellinie durchläuft, befindet sich Kläuschen erst 95 m vom Startpunkt entfernt.
Kurz darauf wollen beide einen weiteren Revanchelauf starten; allerdings muß Klaus jetzt 5 m vor der Startlinie loslaufen, folglich 105 m bewältigen, während Kläuschen wie zuvor vom Startpunkt losläuft.
Wer gewinnt jetzt das Rennen?

Fleiß bricht Eis

Was halten Sie von folgenden Aussagen:

a) Legt man um einen Eisblock eine Drahtschlinge mit einem Gewicht, so schmilzt diese langsam durch das Eis und fällt letztlich zu Boden. Die Schnittstelle wird danach nicht mehr auszumachen sein.
b) Fische müssen in zufrierenden Seen sterben. Deshalb werden im Winter aus vielen Seen die Fische geholt.
c) Es gibt Tiere, die über eine Wasseroberfläche laufen können, ohne nasse Füße zu bekommen.

Eisschmelze

In einem Glas mit Wasser schwimmt ein großes Stück Eis, das unter der Wasseroberfläche gehalten wird; der Flüssigkeitsspiegel steht genau bis zum Rand des Wasserglases. Was passiert, wenn das Eis zu schmelzen beginnt?

Oberflächenspannung

Wie kann man ohne Geräte zeigen, daß die Oberflächenspannung einer Spülmittellösung kleiner ist als die von reinem Wasser?

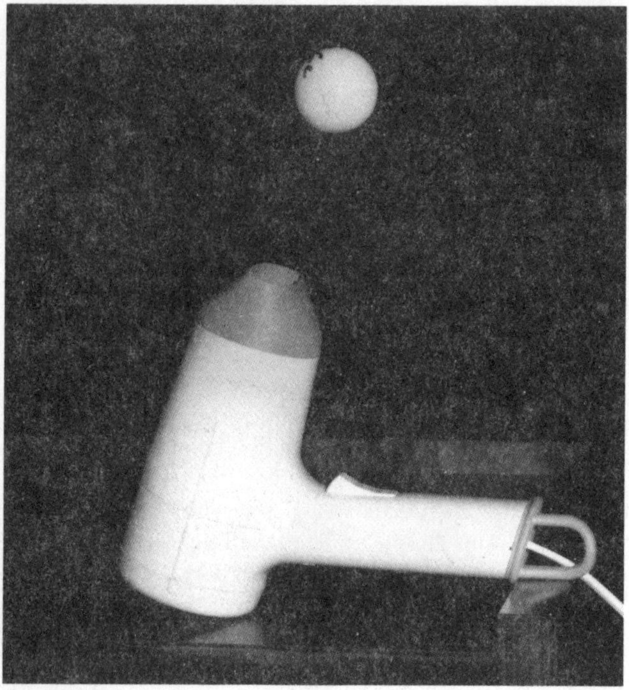

Experimente

Einige der nachfolgend dargestellten Experimente haben Sie vielleicht bewußt oder unbewußt bereits erlebt. Können Sie sich erinnern, wie Sie verliefen?
Falls sie eine Neuheit darstellen: Wie werden sie wohl ausgehen?

1. Ist es möglich, einen Tischtennisball im starken Luftstrom eines Föns tanzen zu lassen? Wenn ja, funktioniert das auch in Schräglage?

Wie verläuft dieser Versuch mit einem Gartenschlauch und einem Wasserstrahl?

2. In der Abbildung erkennen Sie Glasröhren, die alle in der Weise miteinander verbunden sind, daß einlaufendes Wasser sich innerhalb des Röhrensystems beliebig verteilen kann. Die Teilzylinder haben verschiedene Querschnitte bzw. verschiedene Formen.
   Wie wird sich der Wasserspiegel einpendeln, wenn die 1. Röhre einen Querschnitt von 1 cm^2, die 2. Röhre einen Querschnitt von 15 cm^2 und die 3. Röhre gekrümmt ist und 1,5 cm^2 Querschnittsfläche besitzt und das System mit ¼ Liter Wasser gefüllt wird?

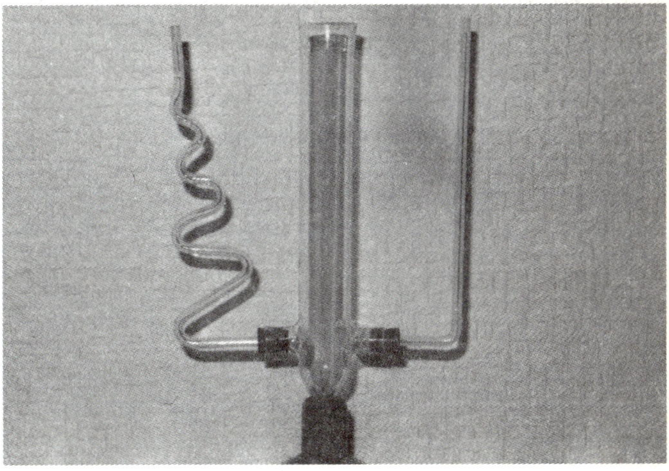

3. Eine zweispurige Fahrbahn wird vor einer Baustelle leider nur noch einspurig weitergeführt. Vor der Verengung bewegen sich die Fahrzeuge auf jeder Spur mit einer Geschwindigkeit von 20 km/h. Mit welcher Geschwindigkeit fahren die Fahrzeuge nach der Verengung auf einer Spur weiter?

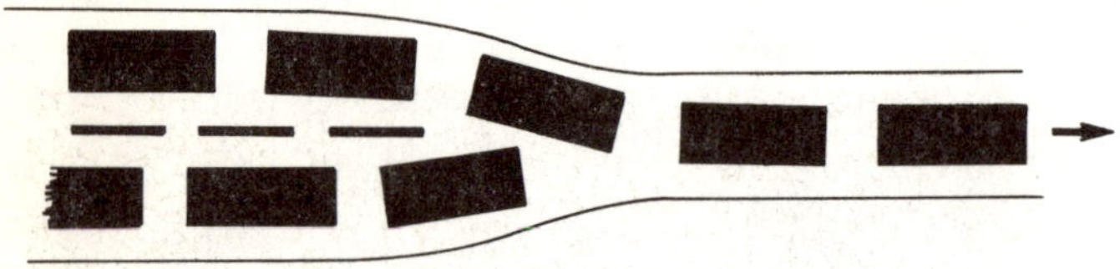

4. Die 3 abgebildeten Gefäße besitzen unten jeweils eine Bodenöffnung mit gleicher Querschnittsfläche.
Alle Öffnungen sind mit einer Membran (dünnes Häutchen) geschlossen, bis oben einlaufendes Wasser die Membran bei einem bestimmten Wasserdruck zum Platzen bringt. Welches Gefäß wird wohl bei der geringsten Wassersäule auslaufen, welches bei der höchsten?

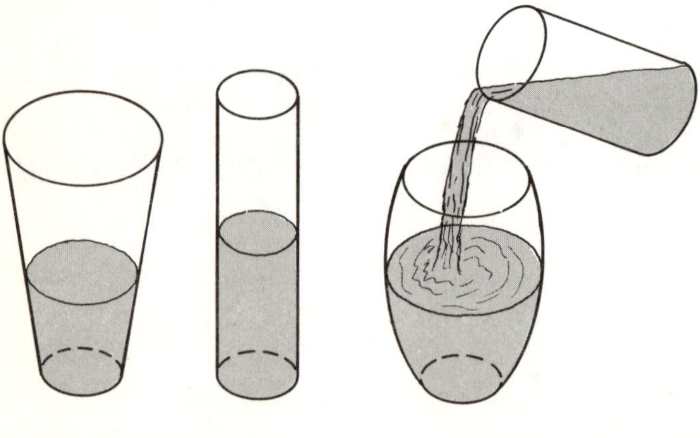

5. An einer Stange hängen 5 gleiche Kugeln in gleichem Abstand an Seilen befestigt. Wie reagieren die restlichen 3 in Ruhelage befindlichen Kugeln, wenn die beiden ersten Kugeln in Richtung der Kugelreihe angehoben und anschließend losgelassen werden?
Was geschieht, wenn 3 oder 4 Kugeln aus erhobener Lage auf die anderen ruhenden Kugeln fallengelassen werden?

Heiß oder kalt?

Warum verbrennt man sich an Fleischbrühe eher den Mund als an Kaffee?

Am Golde hängt's

Ein Mann bezahlt seine Schulden mit 9 Säcken voller Goldmünzen. Da er aber seinen Gläubiger betrügen will, hat er einen Sack mit Fälschungen gefüllt. Allerdings stimmt das Gewicht einer falschen Münze nicht mit dem einer echten überein.
Wie kann der mißtrauische Gläubiger mit Hilfe einer Federwaage bei einer einzigen Wägung herausfinden, welcher Sack die Fälschungen enthält?
(Das spezifische Gewicht von Gold beträgt 19,3 g/cm^3.)

Ehrlich währt am längsten

Ein König beauftragte einst im alten Griechenland seinen Hofschmied, ihm aus (nach heutigem Gewicht) 3 kg Gold eine Krone anzufertigen. Dieser aber gedachte, einen Teil des Goldes für sich abzuzweigen und durch ein entsprechendes Quantum Silber zu ersetzen. Der König jedoch mißtraute ihm und beauftragte den Gelehrten Archimedes, den Schwindel aufzudecken. Tatsächlich fand dieser die Lösung. Sie auch?

Affe oder Banane?

Dieses so simpel aussehende Rätsel stellte Lewis Carroll seinen Freunden (ob es sich der Autor von »Alice im Wunderland« selbst ausgedacht hat, ist nicht bekannt):
An einem Seil, das über eine Rolle läuft, ist an dem einen Ende eine Bananenstaude festgemacht. Das andere Seilende wird von einem Affen mit seinem gesamten Körpergewicht im Gleichgewicht gehalten. Was passiert, wenn der Affe auf die Idee kommt, an dem Seil hinaufzuklettern?
Der physikalischen Korrektheit halber sei angenommen, daß sowohl das Seil als auch das Rad reibungsfrei laufen und gewichtsmäßig vernachlässigbar sind.

Geisterbilder

Sicher kennen Sie das Problem: Das Fernsehbild hat keine scharfen Konturen, sondern alles wird von einem gleich großen Schatten am rechten Rand begleitet, der $1/16$ der Bild-

schirmbreite einnimmt. Ein zu Hilfe gerufener Elektronikfachmann erklärt, daran sei die Reflexion der Fernsehwellen am nahen Hochhaus schuld.
Hat der Elektroniker recht?
Wie müssen Haus, Fernsehsender und Hochhaus zueinander stehen (Lage, Entfernung)?

Zucker und Salz – Gott erhalt's

Warum wird im Winter Salz gestreut? Könnte man auch Zukker nehmen, zumal dieser vermutlich keine so schädliche Wirkung für die Umwelt hätte?

Klimaanlage

Jeder von uns besitzt einen Kühlschrank, damit er im Sommer die Getränke kühlen und die Lebensmittel vor dem Verderben bewahren kann. Könnte man ein solches Gerät nicht auch benutzen, um das ganze Zimmer zu kühlen, indem man die Kühlschranktür öffnet?

Brillanten

Woher kommt das »Feuer« der Brillanten, also ihr Funkeln in allen Farben?

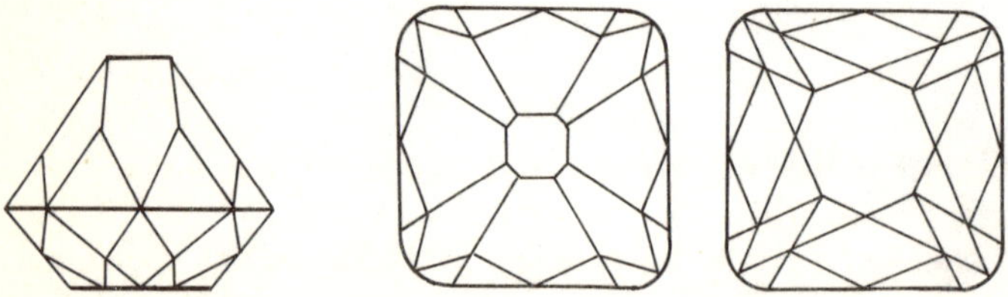

Brillant a) von der Seite; b) von unten; c) von oben

Eichen und Buchen

Stimmt es eigentlich, daß man bei Gewitter »die Eichen meiden, die Buchen aber suchen« soll?
Und warum ist man im Auto besonders sicher?

Salz im Blut

Sicher haben Sie noch aus Ihrem Erste-Hilfe-Kursus für den Erwerb des Führerscheins in Erinnerung, daß es nach Unfällen bei stark blutenden Opfern durch den Blutverlust zu einem Schock, d. h. einer Art Kreislaufzusammenbruch kommen kann. Als lebensrettende Maßnahme erhalten solche Personen im Klinomobil eine Infusion mit sogenannter »physiologischer Kochsalzlösung« (diese enthält etwa 9 g Kochsalz pro Liter Wasser).
Warum darf man kein reines Wasser verwenden, wo es doch viel leichter überall verfügbar wäre?

Hin und her

Wenn Sie eine Metallkugel an ein ausreichend langes Seil binden, dieses in einen Haken an der Decke hängen und dem so entstandenen Pendel schließlich einen geraden Schubs geben, werden Sie nach einiger Beobachtungszeit feststellen, daß das Pendel seine Schwingungsrichtung verändert. Haben Sie nun noch die Nerven, das Pendel 24 Stunden lang zu beobachten, so wird es auf seine Ursprungsbahn zurückgekehrt sein, wenn es nicht vorher durch die Reibung zum Stillstand gekommen ist.
Dieser Versuch geht übrigens auf den Franzosen Foucault zurück, der ihn 1851 im Pariser Pantheon erstmals ausführte. Dort ist er noch heute zu sehen; wenn Sie jedoch im Lande bleiben wollen, können Sie ihn auch etwa im Deutschen Museum in München beobachten.

Westernmanier

Eine der Standardszenen des Western ist die von Indianern oder Banditen verfolgte Postkutsche. Manchmal aber scheint der Regisseur den Verfolgten einen Streich gespielt zu haben: Die Räder drehen sich rückwärts, den Verfolgern entgegen. Als hätte das der Kutscher bemerkt, treibt er die Pferde stärker an – und die Räder drehen sich plötzlich wieder vorwärts, die Kutsche entkommt.
Was meinen Sie: Ist Ihr Eindruck als Betrachter des Films wirklich auf einen Gag des Regisseurs zurückzuführen?

Kühlnostalgie

Wer trauert ihnen nicht nach, den alten Kühlschränken! Sie hatten zwar keine kindersichere Tür und waren auch bleischwer, aber sie kühlten einfach besser, weil die Wände noch dicker waren, sich nichts verziehen konnte und die Tür garantiert dicht schloß.
Stimmt das, und: Ist eine 100 %ig dicht schließende Tür wirklich so erstrebenswert?

Sonnenenergie

Seit die Kernenergie mehr und mehr in Verruf gerät, werden die alternativen Energien immer interessanter. Eine der propagierten Ideen ist die Erwärmung von Wasser mit Hilfe von Sonnenkollektoren.
Wieso funktioniert das besser, als wenn man einfach einen Topf mit Wasser in die Sonne stellt? Und in welchem Winkel werden die Kollektoren in unserer Gegend am besten aufgestellt?

Treibhaus

Ist es Ihnen auch schon so vorgekommen, daß es im Sommer bei geschlossenen Fenstern im Raum heißer ist, als wenn Sie das Fenster öffnen? Ist das Tatsache oder nur Einbildung?

Bergarbeiter

Über lange Jahre waren Schlagwetterexplosionen der schlimmste Feind aller Bergarbeiter und forderten regelmäßig Opfer. Erst mit der Erfindung einer Sicherheitslampe durch den englischen Chemiker und Physiker Sir Humphry Davy war diese Gefahr prinzipiell gebannt. Seine Lampe war geschlossen, und über dem Fuß, der das Petroleum aufnahm, erhob sich ein Körper aus Drahtgeflecht. Der Draht war 0,125 mm dick, die Löcher durften keinen größeren Durchmesser haben als 0,2 mm. Oben war die Lampe geschlossen. Wie funktioniert Davys Sicherheitslampe?

Pelzmoden

Immer wieder ist die Pelzmode Anlaß für Diskussionen. Hier soll es einmal nicht um die Frage gehen, ob Pelze den Käufern besser stehen oder den Tieren, denen sie gewachsen sind, sondern darum, ob es sinnvoll ist, das schöne Fell an der Außenseite zu tragen. Was meinen Sie?

Gurtmuffel

Unter den Gurtmuffeln gibt es 2 Typen: den »Vergeßlichen« (ihm hat man mit der Einführung eines Bußgeldes eine zusätzliche Gedächtnisstütze an die Hand gegeben) und den »Überzeugungstäter«. Er tritt verstärkt im Stadtverkehr auf, wo er glaubt, den Aufprall bei geringen Geschwindigkeiten problemlos mit Hilfe seiner Bizeps abfangen zu können.

Welche Chancen räumen Sie ihm ein, bei Tempo 30 die Kollision mit einem Baum unbeschadet zu überstehen, wenn die Knautschzone seines Autos 20 cm mißt?

Flieger

Wenn Sie ein aktiver Flieger sind, ist für Sie die Lösung des folgenden Problems eine Selbstverständlichkeit. Aber auch, wenn Sie mit der Luftfahrt nichts am Hut haben, bestehen gute Chancen:
Bei einem Flugwettbewerb soll im Rechteck geflogen werden; für den Morgen ist Windstille, für den Nachmittag jedoch Wind der Stärke 3 angesagt. Ist es nun günstiger, am Vormittag oder am Nachmittag zum Wettflug zu starten? Oder hängt das Ganze gar von der Windrichtung ab?

Tiefer Graben

Fritz und Fritzchen wollen einen tiefen Graben überqueren: der eine vom rechten Hang zum linken, der andere umgekehrt vom linken Hang zum rechten. Beide besitzen zwar jeweils eine Holzbohle, doch sind beide Bretter kürzer als der Graben breit ist.

Wie können die beiden die gegenseitige Überquerung trotzdem bewerkstelligen?

Zaubertrick

2 Kneipenfreunde unterhalten sich über Gaukler und deren Tricks. Einer der beiden behauptet, er habe einmal gesehen, wie ein Zauberkünstler ein halbvolles Wasserglas mit einem Stück Papier abdeckte, dann das Wasserglas umdrehte und das Papier losließ; das Wasser sei aber nicht ausgelaufen.

Glauben Sie an diese Geschichte?

Abwasserrohre

Warum müssen Abwasserrohre in Häusern belüftet werden? Ist dies eine Vorbeugemaßnahme gegen unangenehme Gerüche?

Spaghetti

Klein Philipp fragt seinen Papa, wie sich weichgekochte Spaghetti »von selbst« in seinen Mund hineinziehen können. Wissen Sie eine Antwort?

Volumenhalbierung

Ein Wasserglas, das die Form eines Zylinders besitzt, ist bis zum Rand mit Wasser gefüllt.
Wie läßt sich der Glasinhalt ohne technische Hilfsmittel (wie z. B. Waage oder Lineal) halbieren?

Zauberstock

Führen Sie einmal folgenden Versuch durch:
Legen Sie ein Lineal (oder Besenstiel oder Stock) horizontal mit dem einen Ende auf einen hochgestellten Gegenstand, etwa einen Buchrücken, das andere Ende auf eine Ihrer Handkanten.

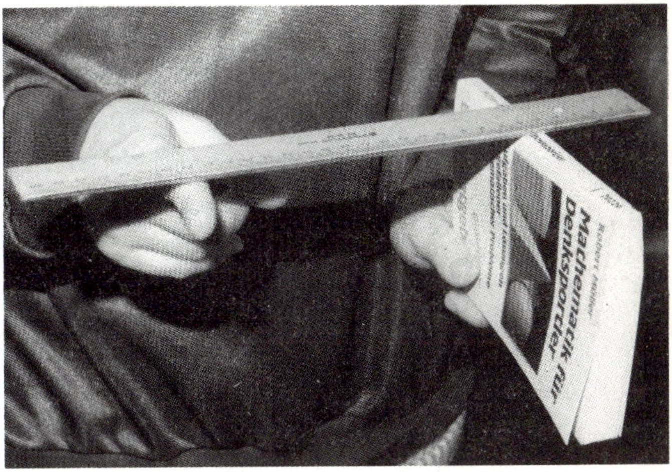

Wenn Sie nun Ihre Handkante auf das Buch zubewegen, verhält sich das oben leicht aufliegende Lineal ganz sonderbar. Wie ist hier das besondere Verhalten und wodurch ist es erklärbar?

Schaltproblem

Der lange Vorgartenweg eines Wohnhauses soll nachts beleuchtet werden; allerdings muß sich aus verständlichen Gründen jeweils ein Lichtschalter am Haus selbst und ein zweiter am Eingangstor zum Vorgarten befinden. Wie muß der Strom-

kreis geschaltet sein, damit man von beiden Schaltern unabhängig von der Schalterstellung des jeweils anderen Schalters das Licht ein- und ausschalten kann?
Fertigen Sie eine Schaltskizze an!

Fatale Lage

Wie kann ein Astronaut, der sich nach einer Panne im freien Raum ohne Seilverbindung zur Kapsel befindet, zum Raumschiff zurückkehren?

Perpetuum mobile

Ein Perpetuum mobile ist eine in sich abgeschlossene Maschine, die meist eine Bewegung ausführt. Allerdings wird keine Energie (z. B. in Form von elektrischer Energie durch eine Batterie) der Maschine zugeführt.
Stellt folgende Maschine ein Perpetuum mobile dar?

Ein Magnet zieht über eine schiefe Ebene eine Metallkugel an. Die Magnetstärke soll gerade ausreichen, um die Kugel langsam hochzuziehen. Bevor die Kugel jedoch den Magneten erreicht, fällt sie durch ein Loch und rollt auf einer zweiten schiefen Ebene außerhalb des magnetischen Feldes zurück zum Startpunkt. Der Vorgang wiederholt sich dann beliebig oft.

Luftballons

2 unterschiedlich stark aufgeblasene Luftballons gleicher Art sind durch eine Röhre miteinander verbunden.
Was passiert, wenn das System »freigegeben« wird.
Bläst der große Luftballon den kleinen oder der kleine den großen Luftballon weiter auf?

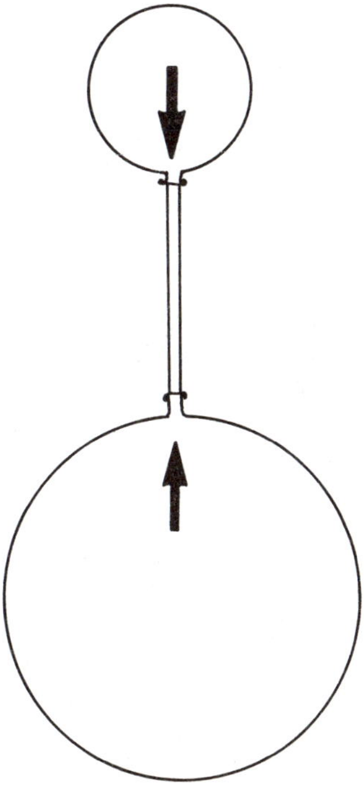

Rollenzug

Ein Bauarbeiter möchte eine Last mit der Masse von 70 kg über eine lose Rolle in die Höhe befördern.
Allerdings hat auch der Bauarbeiter eine Masse von genau 70 kg.
Wie ist das Vorhaben zu bewerkstelligen?

Trägheit

In einem Schnellzug befindet sich neben vielen Reisenden auch eine Fliege, die sich im freien Flug in den Waggons bewegt. Der Lokführer des Zuges muß eine Notbremsung durchführen, und alle Reisenden (die ja mit dem Zug irgendwie in direktem Kontakt stehen) werden in ihren Zugabteilen nach vorn geschleudert.
Was aber passiert mit der Fliege?
Wie verhält sich ein Luftballon, der an einer Schnur im Waggon schwebt?

Flaschenblasen

Stellen Sie sich einmal vor, Sie würden einen Korken oder vielleicht ein Papierknäuel in eine offene Flasche mit großer Öffnung (Orangenflasche) werfen. Was passiert, ist wohl jedem klar. Natürlich gelingt dieser Versuch auf Anhieb: Der Korken fällt auf den Flaschenboden.
Nun halten Sie die Flasche einmal waagerecht, und legen Sie den Korken oder das Papierknäuel in den Flaschenhals, und versuchen Sie, das Hindernis in die Flasche zu pusten. Wie geht das Experiment wohl jetzt aus?

Zauberdose

2 Freunde unterhalten sich über Zauberkünste. Der eine meint, er könne eine leere Zigarrendose mit Zylinderform dazu bringen, daß sie bergauf rolle; der Dose brauche dabei keine Batterie o. ä. eingebaut zu werden.
Sollte diese Behauptung realisierbar sein?
Woher aber stammt dann die Energie?

Eimerspiele

Überlegen Sie sich folgenden Versuch, ohne ihn durchzuführen; experimentieren Sie einmal theoretisch!
2 Eimer mit Wasser werden auf einer Balkenwaage ins Gleichgewicht gebracht. Dabei sollen die Eimer nicht ganz mit Wasser gefüllt sein.
Was wird aus der Balance, wenn Sie nun einen an einer dünnen Schnur hängenden Gegenstand, etwa ein Gewicht, in einen der Eimer von oben in das Wasser eintauchen? Der Stein soll aber nicht mit dem Eimerboden in Berührung kommen!
Nehmen Sie nun ein Stück Holz, das Sie mit einer Stricknadel frei ohne Berührung mit dem Eimer eintauchen.
Passiert hier das gleiche?

Stapelspaß

Folgendes Experiment sollten Sie aber in jedem Fall einmal durchführen:
Sie haben eine Menge völlig gleichartiger Steine, die über eine Tischkante hinaus gestapelt werden sollen.
Interessant ist nun die Frage, welcher »Überhang« mit diesen Steinen erreichbar ist. Sollte es möglich sein, daß durch geeignetes Stapeln der oberste Stein um seine gesamte Länge die Tischkante überragt?

Theorie im Regen

Was tun Sie, wenn Sie vom Regen überrascht werden? Vermutlich rennen Sie, so schnell Sie können, nach Hause. Aber ist es überhaupt sinnvoll, sich auch noch abzuhetzen? Oder sollte man eher in einer ganz bestimmten Weise im Regen gehen, um weniger naß zu werden? Hängt etwa das Ganze noch von der Richtung des Regens ab?

Türgequietsche

So mancher Kleingärtner befestigt seine Gartentür einfach mit Lederbändern, da ihm das Gequietsche der Türangeln auf die Nerven geht, und er auch nicht ständig mit einem Ölkännchen bewaffnet durch die Gegend laufen will.
Warum quietschen die Türen eigentlich?

Theorie und Praxis

Wetten, daß die meisten von uns keine Chance mehr hätten, ohne vorher zu üben die theoretische Führerscheinprüfung zu bestehen? Dafür haben wir alle Faustregeln auf Lager, mit denen wir uns mehr oder minder passabel im Straßenverkehr bewegen. Sind das nun wirkliche Hilfen, oder hatten wir bisher nur Glück, daß wir nie die Probe aufs Exempel machten mußten?

Regel 1: Der Bremsweg (in m) eines Fahrzeugs ergibt sich, wenn man die Geschwindigkeit (in km/h) durch 10 teilt und die so erhaltene Zahl anschließend quadriert.

Regel 2: In der Stadt soll der Sicherheitsabstand zum Vordermann etwa halb so viele Meter betragen, wie man als km/h auf dem Tacho abliest, außerhalb von Ortschaften so viele Meter, wie der Tacho in km/h anzeigt.

Stille Nacht – heilige Nacht

Vielleicht haben Sie schon einmal bemerkt, daß es unmittelbar nach einem Schneefall so still wird. Ist dies Einbildung, oder ist da wirklich etwas dran?
Nach der stillen Nacht sollten Sie mal im Schnee spazieren. Manchmal ist dann ein Knirschen unter den Schuhsohlen zu hören. Knirscht es immer, und womit hängt dies zusammen?

Gangschaltung

Während unsere Vorväter sich noch zu Fuß oder mit sehr einfachen Fahrrädern den Berg hinaufquälen mußten, stehen uns heute sehr luxuriöse Modelle mit einer Vielzahl von Gängen zur Verfügung. Bleiben wir jedoch der Einfachheit halber bei der Dreigangschaltung! Wie war das noch schnell – muß für das Bergauffahren mit dem größten oder dem kleinsten Zahnrad gefahren werden?

Aräometer

Eine Flüssigkeit, in der eine Senkwaage (Aräometer) schwimmt, wird von der Erde zum Mond gebracht. Dort sind alle Körper etwa sechsmal leichter. Ist dann die Senkwaage (s. S. 32) überhaupt noch zu gebrauchen? Wenn ja, funktioniert das Ganze auch bei absoluter Schwerelosigkeit?

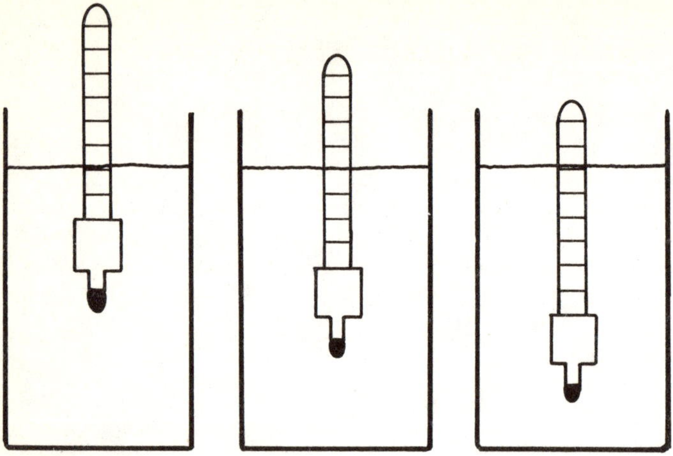

$\varrho > 1$ z. B. Glyzerin | $\varrho = 1$ Wasser | $\varrho < 1$ z. B. Alkohol

Die Wirkungsweise eines Aräometers:
Je kleiner das spezifische Gewicht ϱ *einer Flüssigkeit, um so tiefer sinkt das Aräometer in ihr ab. Mit dem Aräometer läßt sich folglich das spezifische Gewicht einer Flüssigkeit bestimmen.*

Masse – Gewicht

In der letzten Aufgabe ist davon die Rede, daß auf dem Mond alle Körper sechsmal leichter sind als auf der Erde. Womit hängt das zusammen?

Bremsschule

Sie fahren morgens im Winter zur Arbeit, die Straße ist frisch geräumt. Leider hat sich stellenweise Schnee in Straßenunebenheiten festgesetzt und ist gefroren. Angenommen, Sie geraten mit den rechten Rädern Ihres Autos auf einen solchen Glatteisstreifen, und Ihr Auto beginnt sich zu drehen.

Wie ist die Drehrichtung, wenn Sie a) weiter Gas geben, b) bremsen?
Die Straße soll als geradlinig angenommen werden.

Waldi

Förster Knallegut und sein Dackel Waldi gehen nach der Pirsch zurück zum Forsthaus. 100 m vor dem Haus kommt der Weg aus dem Wald heraus auf eine freie Wiese. Waldi, der das Haus sieht, rennt vor bis zur Tür, dann jedoch, von Pflichtgefühl getrieben, zurück zu seinem Herrchen, wieder zur Tür und zurück usw., bis auch der Förster die Tür erreicht.
Wie weit ist Waldi insgesamt gelaufen, wenn er viermal so schnell läuft wie der Förster geht?

Böser Bube

In einem exakt kreisförmigen, überall sehr tiefen See schwimmt ein junges Mädchen genau in der Mitte, als sie sieht, daß ein allem Anschein nach sehr starker, sehr intelligenter, aber sehr häßlicher Mann mit offenbar sehr bösen Absichten auf sie am Ufer lauert. Zum Glück für sie kann er nicht schwimmen und auch nicht schneller laufen als sie, dafür aber viermal so schnell laufen wie sie schwimmt.
Was muß sie tun, um ihm zu entkommen?

Das ist eine Wucht

Sie haben sich neue Reifen gekauft und an Ort und Stelle montieren lassen. Als Sie nach dem Auswuchten fragen, entgegnet Ihnen der Mechaniker, daß dies nicht nötig sei. Hat er recht?
Was bedeutet Auswuchten überhaupt, und gibt es einen Unterschied zwischen statischem und dynamischem Auswuchten?

Schwer beladen

Die Argonauten kamen aus Kolchis so mit Gold beladen, daß das Wasser bis zum Bord stand. Bei der Einfahrt in den Möotis (Asowsches Meer) mußten sie Gold über Bord werfen. Warum und wieviel?
Wie änderte sich ihre Verkehrssicherheit bei der Durchfahrt durch den Hellespont (Dardanellen)?

Ebbe und Flut

Der Frachter »Alte Liebe« liegt im Hafen von Rotterdam; es ist Ebbe, die Ladung wird gelöscht. Matrose Hein erhält den Auftrag, das Schiff außen neu zu streichen. Seine Strickleiter reicht bis 10 cm über die Wasseroberfläche, die Sprossen sind 25 cm voneinander entfernt. Matrose Hein steht auf der untersten Sprosse. Während er noch streicht, setzt die Flut ein, und der Wasserspiegel steigt um 65 cm.
Wie viele Sprossen muß er hinaufklettern, um keine nassen Füße zu bekommen?

Badewannenproblem

In meiner Badewanne bin ich Kapitän! Sicher kennen Sie ihn, diesen Spruch. Vielleicht haben Sie sogar schon selbst ein Schiffchen mit in der Wanne gehabt, oder vielleicht haben Sie auch einem Kind zugesehen, als es sein Plastikentchen schwimmen ließ. Möglicherweise sind auch Schiff oder Entchen bei einer Wasserschlacht bereits einmal gesunken.
Was glauben Sie: Wie verändert sich dabei der Wasserspiegel?

Steine über Bord

Sie fahren mit einem Boot und einer Menge Steine auf einem kleinen See.
Wie verändert sich hier der Wasserspiegel, wenn Sie die Steine ins Wasser werfen?

Halbschlau

Ein kleiner Junge läßt sein Spielzeugschiff in einem Parkbrunnen schwimmen. 2 Halbwüchsige kommen vorbei, sehen kurz zu. Schließlich sagt der eine: »Jetzt ein paar Tropfen Spülmittel ins Wasser, und weg ist das Schiff!« Der Kleine bekommt daraufhin Angst um sein Boot.
Aber, ist diese Angst eigentlich begründet?

Roter Korsar

Allerlei Abenteuer hat Burt Lancaster als »Roter Korsar« zu bestehen, bis es endlich zum wohlverdienten Happy-End kommt. In einer Szene kippen er und seine Freunde mit einem Rettungsboot im glücklicherweise seichten Küstenwasser um und überleben in einer Luftblase.
Klappt das wirklich? Funktioniert ein U-Boot auch auf diese Weise?

Tauchschule

Fahren Sie im Urlaub gern ans Meer, und sind Sie auch sonst eine »Wasserratte«? Haben Sie vielleicht auch schon Appetit aufs Tauchen bekommen? Wenn nur die Geräte nicht so teuer wären! Warum ist es kein guter Tip, einfach den Schnorchel entsprechend zu verlängern?
Sind Sie vielleicht abgeschreckt worden durch Berichte, denen

zufolge es bei auftauchenden Sporttauchern zum Kochen des Blutes gekommen sein soll?
Was ist das eigentlich, und wie kommt es dazu? Bei all den schlechten Erfahrungen und Beispielen bleibt doch dann nur noch: einfach tief einatmen und ohne Hilfsmittel ab in die Tiefe. Aber selbst das ist nicht ungefährlich! Warum?

Portwein

Wie kommt es, daß vom Rand eines Glases mit sehr starkem Wein, etwa Portwein, ständig Tropfen herunterperlen?

Fettfleck

Ein Fettfleck auf Kleid oder Anzug ist eine unangenehme Sache. Zudem sind viele Kleidungsstücke nicht waschbar, und durch oftmalige Reinigung leiden Fasern und Portemonnaie. Zum Glück gibt es Waschbenzin. Wenn nur diese dummen Kränze nicht wären, die gerne zurückbleiben! Hier hilft nur ein Trick. Kennen Sie ihn?

Hohe Bäume

Sicherlich haben Sie schon gehört, daß das Wasser in Pflanzen durch dünne Röhrchen vermöge der sog. Kapillarwirkung nach oben steigt. Aber kann so der Saft wirklich bis in die Krone eines Baums steigen (Eukalyptusbäume z. B. erreichen eine Höhe von 150 m)?

Blätter im Herbst

Es wird Herbst, die Blätter fallen. Aber auch bei Windstille fällt ein Blatt nie senkrecht nach unten, sondern pendelt mehrmals beim Fallen hin und her.
Versuchen Sie, dies zu erklären. Wie hängen Abweichung nach der Seite und Schwingungszeit von den Anfangsbedingungen ab. Verhalten sich die Samen von z. B. Ahorn, Linde und Ulme anders?

Teetrinker

Wenn Sie zu den Menschen gehören, die das Teetrinken zelebrieren, dann geben Sie sich nicht mit Beuteln zufrieden. Dafür haben Sie die Arbeit, den Tee umzuschütten und dabei die Teeblätter abzusieben. Gelegentlich aber verirren sich doch ein paar Teeblattreste in der Servierkanne oder Tasse. Wenn Sie dann umrühren, sammeln sich die Blätter in der Tassenmitte auf dem Boden. Da sie unten liegen, müssen sie schwerer sein als die Flüssigkeit. Müßte sie dann die Zentrifugalkraft durch das Rühren nicht nach außen treiben?

Heimsänger

Es heißt, Männer singen am liebsten in der Badewanne, Frauen auf der Toilette. Kann das einen physikalischen Grund haben?

Schallwellen im Wasser

Weshalb können sich Taucher so schlecht sprachlich verständigen, obwohl doch die Schallabsorption (absorbieren = aufsaugen, verschlucken) in Wasser viel geringer ist als in Luft (etwa 1/1000)?

Seegeflüster

Warum hört man am See so deutlich, was die Leute am anderen Ufer reden? Gibt es diesen Effekt auch über einer glatten Wüstenfläche? Warum kann man so schlecht gegen den Wind anschreien?
Worauf beruht die Wirkung des Sprachrohrs?

Wärme und Kälte

Warum fühlt sich heißes Metall heißer, kaltes Metall aber kälter an als Holz oder Plastik der gleichen Temperatur?

Heißer Kaffee

Während der Kellner Ihren Kaffee bringt, werden Sie ans Telefon gerufen. Da Sie den Kaffee mit Milch trinken, haben Sie nun 2 Möglichkeiten: Sie können die Milch gleich hineinschütten oder erst, wenn Sie wiederkommen.
In welchem Fall bleibt Ihr Kaffee länger warm?

Milch und Zucker

Wenn Sie Milch und Zucker zum Kaffee nehmen, können Sie verschieden vorgehen: Erst Zucker in den Kaffee, dann die Milch oder umgekehrt.
Auf welche Weise kommen Sie zum heißeren Kaffee?

Wer hoch hinaus will . . .

Warum brauchen Piloten von Düsenjägern für den Fall des Absprungs nicht nur ein Atemgerät, sondern auch einen Druckanzug?
Von welcher Höhe an ist er unentbehrlich?

Für und wider

Früher kühlte der Konditor sein Eis mit einer Salzlösung. Man verwendet aber auch bekanntlich Salz zum Streuen im Winter (siehe Aufgabe auf Seite 18) gegen Eisglätte. Wie kann die gleiche Ursache (Salz) so entgegengesetzte Wirkungen haben?

Frostschutz

Sie wollen Ihr Auto winterfest machen und beabsichtigen, sich die Frostschutzmischung für den Autokühler selbst herzustellen. Warum sollten Sie Äthylenglykol oder Glycerin verwenden? Wieviel brauchen Sie, um Ihr Auto auf −20 °C vorzubereiten?

Vertreterlatein

Ein Vertreter bietet Ihnen einen elektrischen Durchlauferhitzer an, der 8 l heißes Wasser pro Minute liefern soll. Der Hauptvorteil sei, daß Sie nicht einmal Ihre 10-A-Sicherung auszuwechseln brauchen.
Kaufen Sie das Gerät, oder werfen Sie den Kerl hinaus?

Karl May

Winnetou und Old Shatterhand reiten wieder einmal durch eine ihrer beliebten, tief eingeschnittenen Schluchten: beinahe senkrechte Wände, 2000 Fuß hoch. Plötzlich reißt Winnetou seine Silberbüchse hoch, schießt – und der üble Bursche, der sie von oben angreifen wollte, schlägt vor ihnen auf, noch bevor sein Todesschrei ihr Ohr erreicht. Klar, daß Winnetou die Gefahr erkannt hat; oder kommen Ihnen hier doch leise Zweifel?

Wo Rauch ist, muß auch Feuer sein

Rauch von einem frischen Holzfeuer sieht vor dunklem Hintergrund weiß, vor hellem dunkelgrau aus. Wenn nur noch Holzkohlenglut da ist, sieht die dünne Rauchsäule vor dem dunklen Wald bläulich, vor dem hellen Himmel rötlichbraun aus. Warum?

Fotokunde

Sicher haben Sie schon des öfteren einen Himmel gesehen, der von einem hübschen Muster weißer Wolken geschmückt war. Manchmal ist dieses Bild so eindrucksvoll, daß man es gerne fotografisch verewigen möchte. Ohne Gelbfilter wird dieser Versuch kaum von Erfolg gekrönt sein, da das Bild nachher vielmehr ein langweiliges Weißgrau aufweist. Warum?

Wetterregeln

Haben die Wetterregeln über Morgen- und Abendrot eine physikalische Basis: Morgenrot mit Regen droht!
Abendrot die Sonne lobt!

Himmelsbläue

Warum ist der Himmel blau?

Graue Katzen

Warum sind bei Nacht alle Katzen grau?

Fotopraxis

An einem strahlenden Sommermittag belichten Sie Ihren 18-DIN-Film mit Blende 16 und 1/60 Sekunde. Wie müßten Sie belichten, um die Vollmondscheibe mit einem Teleobjektiv aufnehmen zu können?

Röntgenstrahlen

Man sagt, daß um 1900 jede junge Dame errötete, wenn von X-Strahlen (Röntgenstrahlen) die Rede war; eine Londoner Firma bot »X-feste Damenunterwäsche« an; ein Abgeordneter von New Jersey brachte einen Gesetzesvorschlag ein, der den »Einbau von X-Strahlen in Operngläser« verbot.
Hatten diese Befürchtungen (oder Hoffnungen) eine Grundlage?

Quarzuhren

In jüngster Zeit werden Quarzuhren angeboten, die dadurch funktionieren, daß man die Metallenden der Zuleitungsdrähte in Obst sticht oder einfach in Leitungswasser hängt.
Wieso klappt das?

Schwierige Trennung

Das sogenannte Entropiegesetz bestätigt (vereinfacht ausgedrückt), was Sie sicher schon wußten: daß nämlich die Unordnung der natürliche Zustand ist, der sich von selbst einstellt. So erhält man auch ein scheinbar unentwirrbares Gemisch, wenn man grobes Salz und Pfeffer zusammenschüttet und verrührt.
Kennen Sie einen Trick, mit dem man das Ganze wieder trennen kann?

Überholgefahr

Haben Sie es auch schon erlebt, daß Sie beim Überholen eines Lkw plötzlich von einer unsichtbaren Kraft getrieben dem Ungetüm an ihrer Seite immer näher kamen? Wer hat hier die Hand im Spiel?

Eiersuche

Sie haben zur Dekorierung eines Salats ein Ei gekocht und es zum Abkühlen ins Eierfach des Kühlschranks gelegt. Nun wollen Sie es herausholen, können es aber zwischen all den anderen Eiern nicht mehr erkennen.
Wie können Sie vermeiden, erst etliche rohe Eier aufzuschlagen und dann tagelang Rühreier essen zu müssen?

Vergrößerungsglas

Wie funktioniert folgendes »Vergrößerungsglas«: Man durchsticht eine Visitenkarte mit einer feinen Nadel und bringt das Loch dicht vors Auge. Die Buchstaben einer Zeitung erscheinen dann vergrößert.

Gleichschritt

Warum dürfen Soldaten nie im Gleichschritt über eine Brücke marschieren?

Aus den Augen, aus dem Sinn

Mit diesem Versuch können Sie eventuell Ihre Partygäste verblüffen:
Nehmen Sie eine undurchsichtige Salatschüssel. Legen Sie auf

den Boden ein Markstück, und postieren Sie Ihre Gäste so, daß sie das Geld gerade nicht mehr sehen können. Gießen Sie nun langsam Wasser in die Schüssel, und schon nach kurzer Zeit wird das Geldstück wieder sichtbar; Sie können also um die Ecke sehen! Warum?

Observation

Der Verdächtige hatte eben das Präsidium verlassen. »Schnell, gehen Sie ihm nach. Aber verlieren Sie ihn nicht aus den Augen!« sagte Kommissar Schleicher zu seinem Assistenten Argus. Dieser machte sich mit Feuereifer an die Arbeit. Sie kamen in einen wenig belebten Vorstadtbezirk, als sich der Verfolgte plötzlich umdrehte und ein Stück zurückkam. Argus blieb nur, sich ebenfalls umzudrehen und intensiv die halbleere Auslage eines kleinen Geschäfts zu betrachten. Zum Glück konnte er den Verdächtigen in der Schaufensterscheibe wie in einem Spiegel sehen. Aber was war denn das? Die Spiegelerscheinung wurde schwächer, und plötzlich war der Kerl ganz verschwunden! Das konnte doch nicht mit rechten Dingen zugehen, oder?!?

Tanz auf der Herdplatte

Egal, wie sehr Sie Ihren Herd aufheizen, wenn Sie einen Wassertropfen auf eine heiße Herdplatte spritzen, wird er einige Sekunden überleben und auf der Herdplatte ein Tänzchen halten.
Können Sie dieses *Leidenfrostsche Phänomen* erklären?

Seekrank

Schulzes machen eine Kreuzfahrt. Aber Frau Schulze hat's böse erwischt. »Guck mal, die tolle Jacht dort drüben«, versucht Herr Schulze sie aufzumuntern. »Du immer mit deinen blöden Schiffen«, entgegnet sie. »Sprich mich erst wieder an, wenn ein Bus vorbeikommt!«
Die ärmste Frau Schulze ist seekrank.
Worauf beruht die so häufig vorkommende Seekrankheit?

Butterbrot

Vielleicht haben Sie auch bereits die Spottversion von Newtons Gravitationsgesetz gehört: »Ein fallengelassener Gegenstand fällt stets so, daß er den größtmöglichen Schaden anrichtet!« – Alles Unsinn, werden Sie sagen, und doch: Stimmt es etwa nicht, daß ein Brot fast immer auf die Butterseite fällt?

Hochspannung

Um den Strom vom E-Werk zum Verbraucher zu bringen, wird er über Hochspannungsleitungen geführt, an deren Anfang und Ende riesige Transformatoren stehen.
Wäre es nicht günstiger, Strom und Spannung zu lassen, wie sie sind? Und wenn schon Hochspannungsleitungen, ist es dann nicht Materialverschwendung, diese auch noch durchhängen zu lassen?

Spiegelbild

Warum sieht man im Spiegel links und rechts vertauscht, nicht aber oben und unten?

Kneipenbekanntschaft

In einer Kneipe haben Sie die Bekanntschaft eines netten Kerls gemacht, der eine Figur wie ein Kleiderschrank hat und entsprechend viel vertragen kann. Als Sie beide jedenfalls um Mitternacht beschließen, den Heimweg anzutreten, hat er 10 Bier und 10 Korn verputzt. Dennoch bietet er Ihnen an, Sie nach Hause zu fahren. Einen vorsichtigen Hinweis Ihrerseits auf die magische Grenze von 0,8 Promille wischt er mit dem Hinweis beiseite, daß sich die paar Schluck bequem auf seine 125 kg Körpergewicht verteilen könnten, und daß er ja im übrigen 4 Stunden Zeit gehabt habe, den Alkohol abzubauen. Sollten Sie nun Ihre kleinliche Meckerei aufgeben, oder müßten Sie aus begründeter Verantwortung Ihren netten Bekannten unbedingt daran hindern, Sie beide ins Unglück zu chauffieren?

Beschlagen

Sie sind an einem kalten Winternachmittag bei Freunden eingeladen und zeigen stolz Ihre neue Kamera. Plötzlich setzt ein Reh über den Gartenzaun. Selbstverständlich wollen Sie die günstige Gelegenheit wahrnehmen und ein Foto machen. Aber Ihr Gastgeber winkt ab. »Das Objektiv beschlägt ja doch, sobald du draußen bist«, sagt er.
Hat er recht?

Schneeballschlacht

Warum kann man bei sehr niedrigen Temperaturen keine Schneebälle machen? Und was hält den Schneeball überhaupt zusammen?

Kullerpfirsich

Warum kullert der Pfirsich eigentlich im Sektglas? Und warum verstärkt sich der Effekt, wenn man den Pfirsich etwas einsticht?

Vergaserfrost

An manchen Tagen läuft das Auto einfach schlechter als an anderen, besonders in kaltem Zustand. Dies kann daher kommen, daß der Vergaser eingefroren ist, d. h., die Drosselklappe, die die Luftzufuhr regelt, läßt sich nicht bewegen.
Was ist die Ursache dafür? Friert der Vergaser eher bei feuchter oder eher bei trockener Witterung ein?

Die Rache des Archimedes

Im Jahre 214 v. Chr. griffen die Römer Archimedes' Heimatstadt Syrakus vom Meer her an und blockierten den Hafen, um die Stadt von der Zufuhr abzuschneiden. Damals soll Archimedes (285 – 212 v. Chr.) die Stadt gerettet haben, indem er mit Hilfe von Spiegeln die römische Flotte in Brand setzte. Offenbar nahmen ihm die Römer das sehr übel, denn als sie 2 Jahre später die Stadt eroberten, wurde Archimedes erschlagen.
Ist die Strahlenwaffe des Archimedes in den Bereich der Science-fiction des Altertums einzuordnen, oder könnte sie wahr sein?

Jahreszeiten

Warum ist es im Sommer warm und im Winter kalt?
Und warum sind die Perioden der größten Kälte bzw. Hitze (Dezember, Januar, Februar bzw. Juni, Juli, August) nicht symmetrisch um Sommersonnenwende (21. 6.) und Wintersonnenwende (22. 12.) verteilt, sondern jeweils etwa einen Monat verschoben?

Himmelsleuchten

Sobald Sie Gelegenheit haben und Lust verspüren, beobachten Sie doch einmal in einer klaren Nacht bei Neumond auf einem freien Feld das Zodiakallicht. Dies ist ein milchig scheinendes Dreieck, das einige Stunden nach Sonnenuntergang im Westen zu sehen ist (oder einige Stunden vor Sonnenaufgang im Osten – also warme Kleidung nicht vergessen!). Das Dreieck ist fast so hell wie die Milchstraße und liegt in der Ebene der Ekliptik (dies ist eine gegen den Äquator um 23,5° geneigte Bahn, auf der scheinbar die Sonne die Erde umläuft). Können Sie sich denken, wie dieses Zodiakallicht entsteht?

Hörst du das Rauschen?

Muscheln sind bei Urlaubern unter anderem deshalb so beliebte Sammelobjekte, weil man glaubt, das Meer rauschen zu hören, wenn man sie dicht ans Ohr hält. Urlaubserinnerungen werden wach . . .; oder ist das Ganze nur eine Täuschung?

Gezeiten

Haben Sie schon einmal über die Ursache von Ebbe und Flut nachgedacht? Ja? Dann ist Ihnen sicher die gängige Antwort geläufig, daß die Ursache die Anziehungskräfte von Mond und Sonne sind. Aber ist es wirklich so einfach?

Wie erklären Sie sich dann zum Beispiel, daß es auch auf der mondabgewandten Seite der Erde zum gleichen Zeitpunkt zur Flut kommt wie auf der mondzugewandten Seite?

Ende des Lichts

Warum enden die Strahlen eines Suchscheinwerfers ganz plötzlich in der Nacht? Sollte es nicht eher so sein, daß das Licht langsam immer schwächer wird?

Lösungen

Wettlauf

Klaus gewinnt schon wieder, wie man sich leicht überlegt: Wenn Klaus gegenüber seinem Kontrahenten Kläuschen bereits über 100 m Laufstrecke 5 m Strecke gewinnt, so wird er über eine längere Laufstrecke von 105 m sicher mehr als nur 5 m »gutmachen«.
Klaus holt Kläuschen 95 m nach dem Startpunkt von Kläuschen ein.

Fleiß bricht Eis

Alle 3 Fragen haben etwas mit den besonderen physikalischen Eigenschaften des Wassers zu tun.
a) und c) sind erstaunlicherweise wahre Aussagen, die Aussage b) enthält eine problematische Fragestellung.
Die geschilderte Erscheinung mit dem Eisblock nennt man Regelation (= Wiedergefrieren, kommt von Gel). Bei den meisten Stoffen gilt, daß ihre Dichte mit abnehmender Temperatur größer wird. Dies hängt mit einer beim Abkühlen eintretenden Volumenverkleinerung zusammen. Da sich die Dichte aus dem Quotienten Masse/Volumen bestimmen läßt, muß diese folglich bei konstanter Masse und kleinerem Volumen größer werden.
Wasser hat in bestimmten Temperaturbereichen hierbei ein ganz anderes Verhalten. Es tritt eine sogenannte Dichteanomalie, die *Anomalie des Wassers*, auf.
Der Abbildung entnimmt man, daß Wasser bei +4 °C seine größte Dichte von fast genau 1 g/cm^3 besitzt. Wenn nun die Dichte abnimmt, muß, wie erwähnt, das zugehörige Volumen zunehmen, dies bedeutet jedoch eine Volumenzunahme des Wassers bei Abkühlung unter +4 °C und bei Erwärmung über +4 °C. Eis muß also eine geringere Dichte als Wasser besitzen. Aus diesem Grund schwimmt Eis ja auch.
Das Volumen vergrößert sich beim Erstarren des Wassers um ungefähr 9 %. Während die Moleküle (= kleinste Verbindung

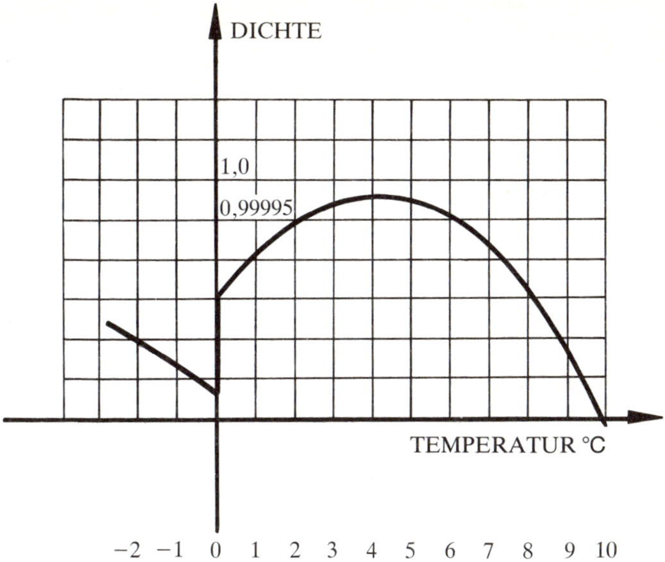

Die Dichte ϱ des Wassers in Abhängigkeit von der Temperatur ϑ

von Atomen) des Wassers ganz unregelmäßig angeordnet und gedrängt sind, werden diese beim Gefrieren in einem sehr regelmäßigen Muster (Sauerstoffatome und Wasserstoffatome haben im Eiskristall eine tetraederförmige Anordnung) gehalten. Hierbei nehmen sie einen größeren Raum ein.

Aus dem Gesagten muß folgen, daß Wasser von 4 °C nach unten absinkt und folglich das leichtere kältere Wasser und auch das leichtere wärmere Wasser oben bleibt. Deshalb brauchen Fische im Winter nicht zu erfrieren, falls der See tief genug ist; sie können in der Nähe des Seebodens bei +4 °C gut überwintern. Die Frostgrenze liegt in unseren Breiten bei etwa 1,20 bis 1,40 m Tiefe.

Nun folgt außerdem, daß bei Druckerhöhung auf das Eis der Schmelzpunkt erhöht wird, weil hierbei die Dichte logischerweise erhöht wird und die Temperatur infolgedessen in Drahtnähe letztlich über 0 °C ansteigen kann.

Die Drahtschlinge durchwandert also den Eisblock, weil sie einen Druck (durch das angehängte Gewicht) erzeugt, der das Eis unter der Schlinge zum Schmelzen bringt. Nach dem Sinken der Drahtschlinge gefriert das Wasser oberhalb der

Der Eisblock nach einigen Stunden

Schlinge sofort wieder, weil hier die Temperatur wieder unter 0 °C fällt. Die Schnittstelle wird aus diesem Grunde auch später nicht mehr zu finden sein.
Aus dem gleichen Grund können sich Eisläufer übrigens so elegant auf dem Eis bewegen; das Eis schmilzt unter dem hohen Druck der schmalen Kufen der Schlittschuhe, und der entstehende Wasserfilm wirkt als Gleitmittel.
Die unter c) gemachte Aussage hat etwas mit der Oberflächenspannung des Wassers zu tun.
Es ist tatsächlich so, daß der sogenannte Wasserläufer (Insektenart) über die Wasseroberfläche laufen kann, ohne im Wasser zu versinken. Würde man jedoch zur Entspannung Spülmittel in das Wasser geben, so müßte der Wasserläufer jämmerlich ertrinken.
Die Oberflächenspannung des Wassers ist auch dafür verantwortlich, daß frei fallende Wassertropfen theoretisch Kugelgestalt annehmen. Die Kugel hat nämlich bei vorgegebenem Volumen die kleinste Oberfläche!
In der Praxis nehmen allerdings die Wassertropfen aufgrund des Luftwiderstandes die bekannte typische Tropfenform an.

Eisschmelze

Wer die Lösung der vorhergehenden Aufgabe genau gelesen hat, wird dieses Problemchen sicher leicht in den Griff bekommen.
Wasser dehnt sich beim Erstarren aus, folglich muß sich Eis beim Schmelzen zusammenziehen.
Der Flüssigkeitspegel im Glas wird deshalb sinken!

Oberflächenspannung

Man läßt einen Tropfen des Spülmittels in das Wasser fallen. Beim Auftreffen des Tropfens werden die Teilchen der entstehenden Seifenlösung nach allen Seiten auseinanderlaufen. Die mit dem Spülmittel in Verbindung gekommenen Wasserpartikel wollen offenbar ihre eingenommene Fläche vergrößern; ihre Spannung muß folglich durch das Spülmittel verringert worden sein.

Experimente

1. Diesen Versuch kann man oft in Jahrmarktschießbuden sehen, wenn ein Tischtennisball o. ä. von der Fontäne eines Wasserstrahls zu schießen ist. Die auf den Tischtennisball wirkende Schwerkraft und der Druck des Wasserstrahls heben sich hierbei gegenseitig auf, so daß der Ball in der Springbrunnenfontäne tanzen kann.

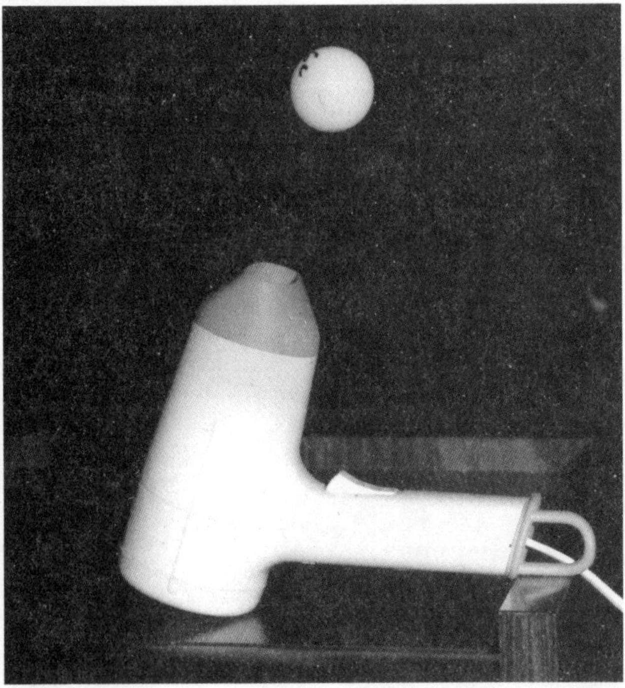

Der Versuch funktioniert natürlich auch, wenn der Luftstrahl eines Föns an die Stelle des Wasserstrahls tritt. Dies leuchtet unmittelbar ein.
Stehen Fön und Luftstrahl nicht mehr senkrecht unter dem Tischtennisball, so kann der Ball unter bestimmten Umständen ebenfalls in der Schwebe gehalten werden. Hierbei wird ein Teil des Luftstrahls an seiner geradlinigen Ausbreitung gehindert; die Luftmassen werden seitlich um den Tischtennisball gezwängt, was direkt hinter dem Ball einen Unterdruck entstehen läßt. Diese Sogwirkung hebt zum einen die senkrecht nach unten wirkende Schwerkraft auf, zum anderen wird die in Richtung des Luftstrahls wirkende Kraft bis zu einem bestimmten Maße neutralisiert, was den Tischtennisball auf eine konstante Distanz zum Fön hält.
Die auf den Ball wirkende Schwerkraft kann allerdings nur bis zu einem bestimmten Grenzwinkel zwischen Strahlrichtung des Föns und der Erde aufgehoben werden. Wir haben experimentell ermittelt, daß dieser Grenzwinkel (hängt u. a. von der Beschaffenheit des Balls ab) bei etwa 60° liegt.

2. Die genaue Größe der Zylinderquerschnitte ist für die Aufgabenstellung ohne Bedeutung. Der Wasserspiegel wird sich nämlich unabhängig von der Art des Zylinders in ein und derselben Höhe in allen Teilzylindern einpendeln. Das Röhrensystem nennt man übrigens *kommunizierende Röhren!*

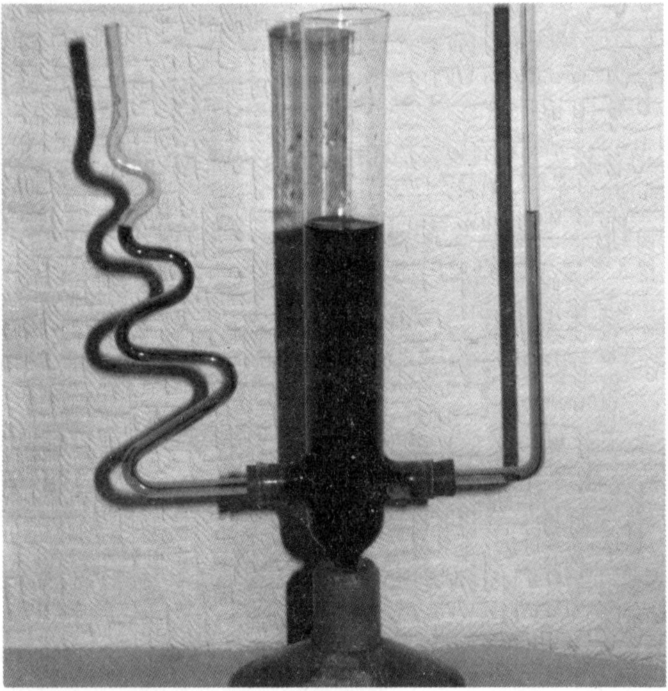

3. Die Autos werden nach der Fahrbahnverengung mit doppelter Geschwindigkeit weiterfahren, vorausgesetzt, alle Fahrzeuge halten denselben Abstand zum Vorderfahrzeug wie zuvor auf der zweispurigen Fahrbahn.

   Die Lösung sieht man eher ein, wenn man die Fahrbahn mit einer Wasserleitung und die Autos mit darin fließendem Wasser vergleicht.

   Wird nämlich ein dickes Wasserrohr durch ein dünneres Auslaufrohr verjüngt, so steigt dadurch der Wasserdruck in dem dünneren Rohr an, und das Wasser wird schneller als vorher (ohne Verjüngung) herausspritzen.
4. Erstaunlicherweise platzt bei allen 3 Gefäßen die Bodenmembran bei gleicher Wasserhöhe.

   Unterschiedliche Wassermengen rufen hier also einen

übereinstimmenden Bodendruck hervor. Der Wasserdruck wird folglich nur in der senkrechten Fallinie wirksam *(hydrostatisches Paradoxon)*.

5. Dieser Versuch ist für viele Betrachter verblüffend. In diesem Fall lohnt es sich sogar, den Versuch (vielleicht mit Tennisbällen an Schnüren) zu Hause durchzuführen: Lassen Sie 2 Kugeln auf 3 ruhende fallen, so wird sich die mittlere Kugel nicht rühren; allerdings schießen nach dem Auftreffen der beiden ersten Kugeln die beiden letzten Kugeln fast bis zur selben Höhe auf der anderen Seite hoch. Der Vorgang wiederholt sich jetzt sehr oft, bis die von den Kugeln ausgehenden Impulse infolge der Reibungsverluste immer schwächer werden.
   Wird mit 3 Kugeln begonnen, so ist klar, daß dann auch 3 Kugeln durch den größeren Impuls auf der anderen Seite weggestoßen werden.
   Allerdings wird dann die mittlere Kugel jedesmal mitschwingen, da ja nicht genug ruhende Kugeln bereithängen.
   Entsprechendes gilt für 4 startende Kugeln; dann werden auch wieder 4 Kugeln auf der anderen Seite weggestoßen, und eine äußere Kugel setzt jeweils eine Schwingung aus.

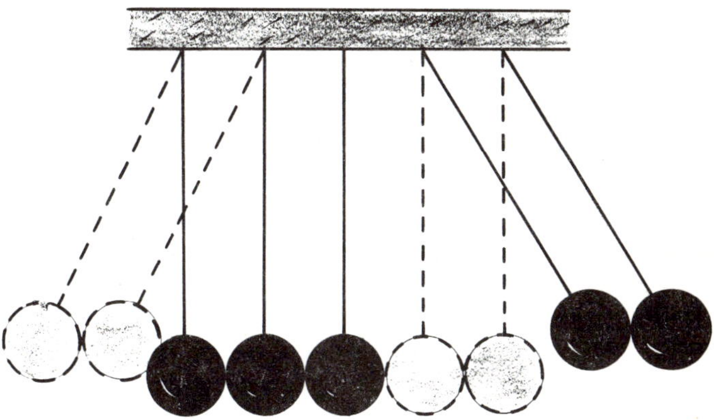

Heiß oder kalt

Erstaunlicherweise richtet sich unsere Beurteilung der Temperatur einer Flüssigkeit weitgehend nach dem, was wir sehen. Dabei wird Dampfentwicklung mit heiß gleichgesetzt, eine Assoziation, die beim Kaffee ja auch zutrifft.
Bei der Fleischbrühe jedoch sperrt die oben schwimmende Fettschicht das Wasser ein (Fett ist leichter als Wasser!) und hindert es am Verdampfen. Der fehlende Dampf läßt uns glauben, die Brühe sei nicht sehr heiß, weshalb sich so mancher die Zunge an der heißen Brühe verbrennt.

Am Golde hängt's

Er nimmt aus dem 1. Sack 1 Münze, aus dem 2. Sack 2, usw. und aus dem 9. Sack 9 Münzen. An der Differenz zum Gewicht von 45 echten Goldmünzen kann er den Sack mit den Fälschungen identifizieren.

Ehrlich währt am längsten

Wir wollen voraussetzen, daß der Schmied ausreichend Silber genommen hatte, so daß keine Gewichtsunterschiede auftraten (das hätte schon der König durch Nachwiegen feststellen können und Archimedes nicht zu bemühen brauchen).
Die spezifischen Gewichte (Dichte) von Gold (19,3 g/cm^3) und Silber (10,5 g/cm^3) sind deutlich voneinander verschieden. Archimedes brauchte also die Krone nur in ein bis zum Rand mit Wasser gefülltes Gefäß zu legen, um anhand des herauslaufenden Wassers den Betrug nachweisen zu können:
Dem verdrängten Wasser entspricht das Volumen der Krone, und die theoretische Masse der Krone errechnet sich aus dem Produkt Volumen · Dichte. Aus dem Differenzgewicht zur tatsächlichen Masse der Krone läßt sich sogar auf die Masse des verwendeten Silbers schließen.

Affe oder Banane?

Affe und Gewicht bleiben stets auf gleicher Höhe. Es hilft dem Affen auch nichts, sich etwa durch einen Ruck am Seil nach oben abzustoßen und dann das Seil kurzzeitig loszulassen. Zwar würden nun die Bananen ohne Zweifel fallen, da das Gegengewicht fehlt; beim Abstoßen jedoch hat das Bananenbüschel über das Seil einen Impuls erhalten, der zuvor eine ebenso weite Bewegung nach oben auslöst. Der Affe kann sich nicht am Seil nach oben hangeln, da die fixierende Gegenkraft fehlt (diese wird z. B. bei Seilen oder Stangen in Sporthallen durch die Deckenhalterung aufgebracht).

Geisterbilder

In der Bildröhre moduliert das von der Antenne eingefangene Signal die Helligkeit eines Elektronenstrahls, der das Bild zeilenweise zeichnet. In der Sekunde folgen 25 Bilder mit je 625 Zeilen aufeinander. Eine Zeile wird also in etwa 1 s/(25 · 625) oder $6{,}4 \cdot 10^{-6}$s geschrieben (ganz exakt ist das nicht, weil die Dunkelpause und der Zeilenrücklauf zwischen 2 Bildern nicht berücksichtigt sind). 1/16 Bildschirmbreite entspricht beim Schreiben einer sechzehntel Zeile oder $4 \cdot 10^{-6}$s.
Da es sich bei Fernsehwellen um elektromagnetische Wellen handelt, die von (u. a.) Wänden reflektiert werden, hat der Techniker recht. Der Reflex ist übrigens um so stärker, je »ungünstiger« der Winkel ist, in dem das Hochhaus zur Antenne steht (»optimales Zerrbild« wird für »Einfallswinkel = Ausfallswinkel« geliefert).
Da elektromagnetische Wellen sich mit Lichtgeschwindigkeit (ca. 300000 km/s) ausbreiten, ist der Gangunterschied (entspricht dem zusätzlichen Weg der reflektierten Welle) zwischen beiden Signalen etwa 1200 m. Das Hochhaus steht damit entweder 600 m hinter dem Wohnhaus auf einer Linie mit diesem und dem Sender, oder schräg dazu, dann aber etwas weiter entfernt (s. Abb. S. 60).

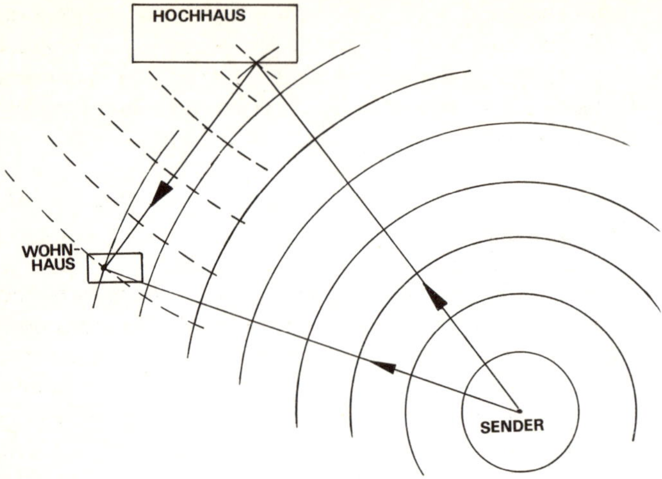

Die am Hochhaus reflektierte Welle überlagert sich mit der vom Sender direkt einfallenden Welle.

Zucker und Salz – Gott erhalt's

Salz (NaCl) zerfällt in 2 (geladene) Teilchen, sobald es mit Wasser in Berührung kommt. Dabei wird Wärme benötigt, die das Eis zu liefern hat. Obwohl die Eiswasser-Salz-Lösung dadurch offensichtlich noch kälter wird, friert sie nicht, da der Gefrierpunkt von Salzlösungen unter dem von reinem Wasser liegt, und zwar um so weiter, je mehr Salz im Wasser gelöst ist. Mit Zucker funktioniert das zwar prinzipiell auch. Allerdings ist das relative Gewicht eines Zuckerteilchens mit 180 Masseneinheiten weit höher als das der zerfallenen Salzteilchen Natrium mit 23 und Chlor mit 35 (zusammen also 58 Masseneinheiten), so daß bei gleicher Masse des gestreuten Stoffes rund sechsmal so viele Salzteilchen wie Zuckerteilchen für die Gefrierpunkterniedrigung zur Verfügung stehen.

Sobald aber die Oberfläche der Straße bedeckt ist, ohne daß das Eis begonnen hat zu schmelzen, wirkt jedes daraufgestreute Quantum Zucker allenfalls wie Split, da es mit dem potentiellen Lösungsmittel Wasser (Eis) gar nicht mehr in Berührung kommt.

Klimaanlage

Leider nein! Ein Kompressorkühlschrank enthält einen nach außen isolierten Verdampfer. Dort wird die Kühlflüssigkeit verdampft und der Dampf in Rohrschlangen an der Rückwand des Kühlfachs vorbeigeleitet. Dorther holt sich das Kühlmittel die Verdampfungswärme und die Wärmeenergie zur Weiterleitung des Gases. Der anschließende Kondensator und Kompressor verflüssigt das Kühlmittel; die nun überschüssige Wärme wird einfach an die Zimmerumgebung abgegeben. Somit wird das Zimmer nicht kälter, sondern wärmer. Die dabei entstehende Temperatursteigerung ist größer als die Temperaturverminderung durch die Kälte aus dem Kühlschrank.

Brillanten

Durchsichtige Stoffe brechen das Licht beim Ein- oder Austritt der Lichtstrahlen, d. h., die Laufrichtung des Lichts wird verändert. Dabei besitzt jeder Stoff einen sog. Brechungsindex, der das Verhältnis zwischen den Winkeln des Lichtstrahls mit der Senkrechten auf die Trennungsfläche der Stoffe beschreibt. Je schräger also das Licht auf die Oberfläche trifft, desto stärker wird es abgelenkt. Dies gilt für den Hin- und auch für den Rückweg. Deshalb muß der Diamant so geschliffen werden, daß das den Diamanten verlassende Licht nicht zu schräg von innen auf die Trennfläche fällt.
Andernfalls bleibt das Licht im Diamanten gefangen (man spricht von Totalreflexion). Zusätzlich ist die Stärke der Brechung von der Farbe des Lichts abhängig (wie beim Regenbo-

gen), wobei rotes Licht am schwächsten, violettes am stärksten abgelenkt wird (Dispersion).
Dies hängt mit den unterschiedlichen Wellenlängen der verschiedenen Lichtarten zusammen; rotes Licht hat die längsten und violettes Licht die kürzesten Wellen.

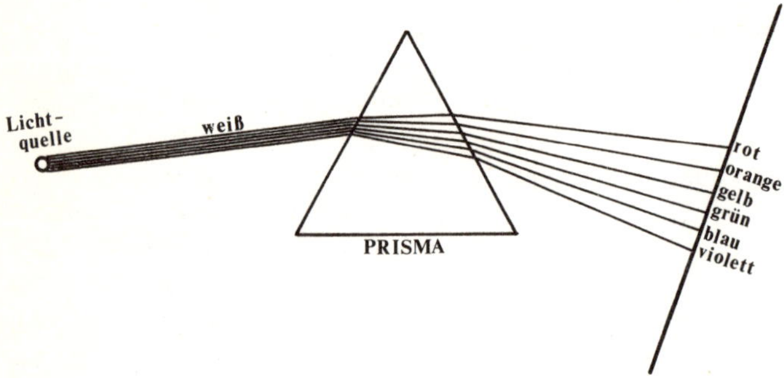

Die Dispersion des weißen Lichts

Der Diamant besitzt einen sehr guten Brechungsindex und fängt deshalb das Licht besonders gut ein. Geschicktes Schleifen des Diamanten bewirkt nun durch die Lage der Schliffflächen zueinander, daß je nach Position des Steins zum Betrachter die unterschiedlichen Anteile des Lichts diesen verlassen können bzw. total reflektiert werden.

Eichen und Buchen

Wie alle Volksweisheiten hat auch diese zwar ihren wahren Kern, aber auch ihren Haken. Der wahre Kern beruht darauf, daß Eichen tiefer wurzeln als Buchen und daher eher direkte Verbindung zum Grundwasser haben (Erdung). Darüber hinaus ragt eine mächtige Eiche oft weit in den Himmel und ist darum für Blitze als kürzeste Verbindung Himmel – Erde besonders attraktiv (Blitze sind im Prinzip nichts anderes als riesige Funkenüberschläge im Kondensator Himmel – Erde).

Aber genau hier sitzt auch das Problem. Besonders gefährdet ist in der Regel der höchste Punkt im Wirkungskreis des Blitzes. Wenn dies eine vereinzelt stehende Buche ist, so steht man unter ihren Zweigen zwar vielleicht im Trockenen, aber keineswegs auf sicherem Terrain. In diesem Fall hilft nur: zurück aufs freie Feld und dort flach auf den Boden legen.
Im Auto ist man deshalb besonders sicher, weil die vielen untereinander verbundenen Metallteile einen sogenannten *Faradayschen Käfig* bilden, eine Art geschlossenen Hohlraum, in dessen Innerem sich keine für den Blitzüberschlag notwendigen Ladungen bilden können. Ein etwa auftreffender Blitz würde daher außen an der Karosserie ablaufen. Daraus ergibt sich jedoch leider, daß Cabrios von dieser Regel ausgenommen sind.

Salz im Blut

Blut ist ein flüssiges Gemisch aus etwa 55 % Plasma (einer gelblich klaren, wäßrigen Salz-Eiweiß-Lösung), etwa 1 % weißen Blutkörperchen (der »Gesundheitspolizei« im Blut) und Blutplättchen (die für die Gerinnung sorgen) sowie etwa 44 % roten Blutkörperchen, die den Körper mit Sauerstoff versorgen. Ihre Zellwand ist für einige Stoffe durchlässig, für andere nicht. Diese Eigenschaft heißt übrigens Semipermeabilität. Wasser z. B. kann in die Zelle eindringen und sie auch wieder verlassen.
Wieviel Wasser nun im Innern ist, hängt wesentlich von den Salzkonzentrationen innen und außen ab. Erniedrigt sich der Salzgehalt des Plasmas (durch Auffüllen mit reinem Wasser), so dringt so lange Wasser in die Zellen ein, bis die Konzentrationen der Salzlösungen wieder ausgeglichen sind. Die roten Blutkörperchen blähen sich dabei so lange auf, bis die Zellwand dem Druck nicht mehr standhalten kann (Hämolyse). Deshalb muß die Transfusionsflüssigkeit immer einen Salzgehalt des Plasmas von 0,9 % aufweisen.

Hin und her

Nach Newtons Trägheitsgesetz sollte ein Körper, auf den keine Kräfte wirken (wie das Pendel, das nach dem Anstoßen ja nicht mehr berührt wird), seine Bewegungsrichtung beibehalten. Die Veränderung der Pendelrichtung muß also durch eine zusätzliche Kraft bewirkt werden, die sozusagen dem Pendel fortwährend einen Schubs nach der Seite verpaßt, also quer zur Bewegungsrichtung wirkt. Diese Kraft heißt *Corioliskraft*, und auf ihr beruhen auch die Windbewegungen, die unser Wetter beeinflussen.
Allerdings ist diese Kraft nur für uns auf der Erde feststellbar: Jemand, der diesen Vorgang vom Fixsternhimmel aus beobachtete, könnte sie nicht bemerken. Für ihn würde sich einfach die Erde unter dem Pendel hinwegdrehen, während das Pendel selbst immer in derselben Richtung schwingt.

Westernmanier

Sie haben völlig recht – es ist kein Gag! Vielmehr liegt es daran, daß beim Filmen eine Vielzahl von Einzelbildern so schnell hintereinander gemacht und dann auch wiedergegeben werden, daß das Auge diese zur Bewegungsfolge zusammensetzt. Dies ist notwendig, da bei einem kontinuierlich durchrutschenden Film sich der obere Abschnitt des 1. Bildes und der untere Abschnitt des 2. Bildes im Auge sonst überlagern, wenn der Film von oben nach unten durchläuft. Im Gehirn könnte dieser Mischmasch von Eindrücken nicht mehr entzerrt werden. Sinnvolle Geschwindigkeiten sind etwa 16 oder 24 Bilder pro Sekunde. Bei alten Stummfilmen wurde mit einer geringeren Geschwindigkeit gearbeitet; dies führte zu der uns so lustig anmutenden Hektik der Bewegungen.
Betrachten wir nun ein Speichenrad, so stellen wir fest, daß 2 Radstellungen dann für das Auge nicht unterscheidbar sind, wenn die nächste Speiche gerade den Platz der vorherigen eingenommen hat. Dies ist genau dann der Fall, wenn die Rota-

tion des Rades mit der Geschwindigkeit der Bildfolge (oder Vielfachen davon) abläuft: Dann hat Speiche a auf Bild 2 genau dieselbe Position wie Speiche b auf Bild 1 usw. Erreicht Speiche 2 nicht ganz diesen Ort, sondern bleibt knapp dahinter zurück (s. Abb.), identifiziert unser Auge das als Rückwärtsbewegung; gelangt bei der anschließenden Beschleunigung nun Speiche 2 etwas über die Position von Speiche 1 im vorhergehenden Bild hinaus, so macht unser Auge daraus eine Vorwärtsbewegung.

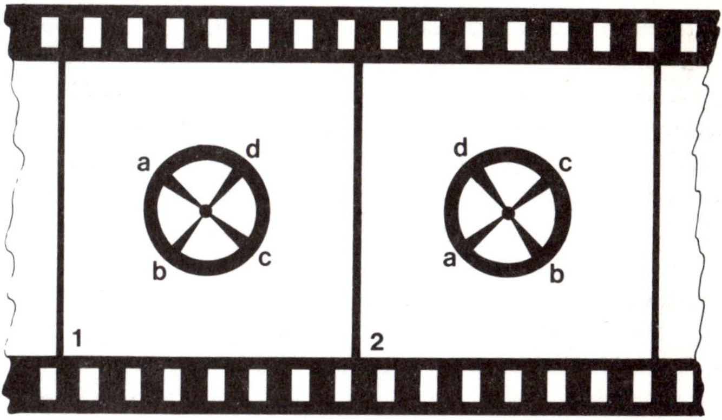

Das Rad hat sich zwar entgegen dem Uhrzeigersinn abgerollt, für den Betrachter sieht es aber aus, als liefe das Rad in der anderen Richtung.

Dies wird z. B. in der Autowerkstatt beim Einstellen der Leerlaufdrehzahl ausgenutzt: Der Mechaniker beleuchtet die sich schnell drehende Riemenscheibe des Keilriemens mit einer schnellen Folge von Lichtblitzen.
Ein solches Stroboskop können Sie übrigens in einfacher Ausführung selbst erzeugen, indem Sie die gespreizten Finger schnell vor Ihren Augen hin- und herbewegen. Mit etwas Übung können Sie so eine gleichmäßige Bewegung (z. B. einen Wellenvorgang) zum Stehen bringen.
Diese 24 Bilder pro Sekunde sind übrigens keine Phantasiezahl, sondern entsprechen der Zahl unterschiedlicher Ein-

drücke, die vom Auge in jeder Sekunde »verarbeitet« werden können. Trifft nämlich ein Lichtimpuls auf die Rezeptoren (Stäbchen und Zapfen) der Netzhaut, verursacht er dort und auf dem Weg zum Gehirn elektro-chemische Veränderungen, die erst wieder rückgängig gemacht werden müssen, bevor ein neues Signal empfangen werden kann.
Die Zeitspanne für die Verarbeitung eines Eindrucks mit anschließender Neutralisierung für neue Reize beträgt etwa $\frac{1}{24}$ Sekunde.
Deshalb ist die geschilderte optische Täuschung auch in Wirklichkeit an fahrenden Fahrzeugen zu sehen.

Kühlnostalgie

Nun, etwas Wahres ist schon dran. In der Tat ist die Wärmeleitung nach außen abhängig von der Dicke der Wand. Je dicker diese ist, desto besser bleiben Wärme und Kälte auf ihrer Seite – ein Effekt, der in Häusern zu steuerbegünstigten Einbauten von Wand- und Dachisolationen und Doppelfenstern führte. Dies zeigt auch das Aber, denn ein Doppelglasfenster isoliert wegen der zwischen den Scheiben liegenden Luftschicht weit besser als ein Glasfenster gleicher Dicke. Es kommt also auch auf das verwendete Material an, weshalb man durchaus auch neueren Produkten einiges zutrauen darf.
Was nun den völlig dichten Kühlschrank anbelangt, so ist der alles andere als erstrebenswert. Wenn er fleißig kühlt, zieht sich als Folge dieser Abkühlung die Luft im Innenraum stark zusammen. Der Unterdruck saugt die Tür geradezu am Rahmen fest. Bei einer Innenraumtemperatur des Gefrierschranks von −18 °C und einer sommerlichen Außentemperatur von 25 °C müßten Sie beim Öffnen Kräfte aufbringen, als wollten Sie einen mehrere 100 kg schweren Gegenstand bewegen. Wenn Sie das wirklich schaffen, haben Sie sich anschließend Ihr Steak mehr als verdient!

Sonnenenergie

Eigentlich basiert das Ganze auf einer Weiterentwicklung des Treibhauseffekts (siehe nächste Aufgabe). Hinzu kommt hier nur, daß die Isolation ein Entweichen der Wärme nach hinten blockiert, und ferner, daß die schwarze Farbe im Innern Licht und Wärme besser absorbiert (aufnimmt) und an die auf der Unterlage befestigten Heizschlangen weitergibt. Eine entsprechende Beschichtung der Oberfläche unserer Glas- oder Plastikabdeckung verstärkt zusätzlich die Reflexion der Wärmestrahlen nach innen.

Die Wirkung ist am größten, wenn die Sonnenstrahlen senkrecht auftreffen. Da der Stand der Sonne mit den Tages- und Jahreszeiten wechselt, müßte man den Kollektor mittels eines Motors dauernd nachfahren: ein ebenso umständliches wie teures Verfahren, das die Rentabilität des »Hauskollektors« hoffnungslos zugrunde richten würde. Also muß man den Kollektor auf einen Mittelwert einstellen. Diesen kann man durch folgende Überlegung bestimmen:

Während der Jahreszeiten führt die Sonne eine scheinbare Bewegung aus, die sie von einer Position von 23,5° Nord (Sommersonnenwende, Wendekreis des Krebses) über den Äquator bis auf 23,5° Süd (Wintersonnenwende, Wendekreis des Steinbocks) und zurück führt. Dies erfordert in unserer geographischen Breite (50° Nord) ein Nachführen um 26,5° (Ergänzungswinkel) über 50° bis auf 73,5°, also immer um den Differenzwinkel zur geographischen Breite. Der Mittelwert dieser Werte ist dann, da die Jahreszeiten etwa gleich lang sind, ebenfalls 50°; er entspricht also der geographischen Breite.

Treibhaus

Nein, es ist keine Einbildung! Da das Fensterglas für Licht durchlässig ist, trifft die Sonnenstrahlung auf die Gegenstände im Zimmer (Sie eingeschlossen) und erwärmt diese. Darauf

senden diese Wärmestrahlung aus, die jedoch langwelliger ist als die Strahlung des sichtbaren Lichts. Für diese Art von Strahlung ist jedoch Glas fast völlig undurchlässig, weshalb die Wärme im Zimmer bleiben muß.
Diesen sogenannten Treibhauseffekt nutzen Gärtner übrigens schon lange für ihre Beete und Gewächshäuser aus.

Bergarbeiter

Schlagwetter entstehen, wenn sich die Grubengase (im wesentlichen Kohlenwasserstoffe) mit Sauerstoff mischen und dieses Gemisch seinen Flammpunkt überschreitet, d. h., die Temperatur erreicht, bei der es brennbar wird. Diese Gefahr war unter Tage ständig gegeben, da es dort heißer ist (Erdwärme) als auf der Erdoberfläche. Dann reicht schon ein Funke, um die Explosion auszulösen, insbesondere aber die offene Flamme von Fackeln und Grubenlampen. Bei Davys Konstruktion jedoch strömen die Flammengase erst durch das Drahtgeflecht. Da Metall ein guter Wärmeleiter ist, werden sie dabei ausreichend abgekühlt. Die kleinen Öffnungen sollen dafür sorgen, daß wirklich alle Flammengase mit dem Draht in Berührung kommen.

Pelzmoden

Leider ist diese Sitte eher ein Zeichen der Eitelkeit als ein Gebot der Zweckmäßigkeit. Kleidung hat – insbesondere im Winter – den Sinn, die Körperwärme nicht verlorengehen zu lassen. Diese Verluste ergeben sich in erster Linie dadurch, daß wir die Luftschichten in Körpernähe erwärmen, diese aber dann aufsteigen und neue Kaltluft an den Körper lassen. Jeder Windstoß hilft dabei kräftig mit. Eine gegerbte Tierhaut aber ist winddicht und vermindert daher den Luftaustausch erheblich. Der Pelz hält zusätzlich eine Luftschicht zwischen den Haaren fest. Diese hilft jedoch weniger, wenn die Haare au-

ßen sind, da dann die Luft im Pelz im wesentlichen die Temperatur der Außenluft annimmt.
Wird der Pelz innen getragen, so sammelt sich dagegen die körperwarme Luft im Pelz und bildet eine zusätzliche Schutzschicht aus.

Gurtmuffel

Beim Beschleunigen bzw. Abbremsen besteht zwischen Weg, Zeit und Beschleunigung der Zusammenhang

Weg = Beschleunigung mal (Zeit)²/2

$$(s = \frac{a \cdot t^2}{2}).$$

Mit der Geschwindigkeit existiert außerdem der Zusammenhang

Geschwindigkeit = Beschleunigung mal Zeit

$$(v = a \cdot t).$$

Faßt man beide Beziehungen zusammen, erhält man:

Beschleunigung = (Geschwindigkeit)² durch doppelten Weg

$$(a = \frac{v^2}{2s}).$$

Nachdem sich das Auto um die 20 cm Knautschzone verkürzt hat (Weg), kommt es zum Stehen. Die Geschwindigkeit(sänderung), auf die es hier ankommt, ist 30 km/h = 8,33 m/sec, der doppelte Weg 0,4 m. Es ergibt sich eine Beschleunigung von 173,6 m/sec^2. Dies entspricht etwa dem 17fachen der Erdbeschleunigung. Dies wiederum bedeutet, daß unser sportlicher Fahrer mit dem 17fachen seines eigenen Körpergewichts in Richtung Windschutzscheibe gepreßt wird. Um das aufzufangen, müßte er alle derzeit gültigen Gewichtheberrekorde um ein Vielfaches übertreffen.

Flieger

Man kann sich die Situation leicht anhand der beiden Extremsituationen erklären, ohne die Mathematik zu bemühen: Windstille und Wind, der in Flugrichtung mit der maximalen Geschwindigkeit des Flugzeugs weht.
Ohne Wind braucht man für Hin- und Rückweg gleich lange; mit Wind dagegen kommt man zwar doppelt so schnell zum Wendepunkt, aber nicht mehr zurück, weil Wind- und Fluggeschwindigkeit gegeneinander wirken und sich deshalb zu Null addieren. Jeder teilweise oder völlig in Flugrichtung wehende Wind einer beliebigen Stärke verursacht daher eine Behinderung, die zwischen Null und einem Maximum liegt, bei dem das Flugzeug nicht mehr vom Fleck kommt.
Ergebnis: Wind ist gegenüber Windstille immer ein Nachteil, wenn im Rechteck geflogen wird, unabhängig von der Stärke und Richtung des Windes.

Tiefer Graben

Fritz legt sein Brett auf das von Fritzchen, wie in der Abbildung gezeigt.

Sollte nun Fritz nicht wesentlich schwerer sein als Fritzchen, so könnte Fritz die Überquerung wagen. Für Fritzchens Überquerung muß Fritz den Platz von Fritzchen auf dem Brettende des unteren Bretts einnehmen.
Sind die Körpermassen der beiden Helden und die Längen der beiden Bohlen sowie die Grabenbreite bekannt, so läßt sich nach dem Hebelgesetz nachprüfen, ob die Überquerung »problemlos« verläuft oder nicht.
Ist beispielsweise Fritz 70 kg, Fritzchen 40 kg schwer, die beiden Holzbohlen 3 m lang und der Graben 4 m breit, so ergibt sich im kritischen Grenzbereich, wenn Fritz gerade die Holzbohle von Fritzchen betritt, folgende Rechnung:

$$70\,\text{kg} \cdot 1\,\text{m} < 40\,\text{kg} \cdot 2\,\text{m}$$
$$70\,\text{kgm} < 80\,\text{kgm} \quad ^{*})$$

In diesem Fall kann die Überquerung also gefahrlos gewagt werden.

Zaubertrick

Dies ist kein Trick, sondern physikalisch zu erklären. Ist der Rand des Glases sauber geschliffen, und wird der Papierdeckel glatt daraufgelegt, so wird dieser zunächst durch den äußeren Luftdruck auf den Glasrand gepreßt. Wird das Glas mit dem Deckel umgedreht (hierbei den Papierdeckel vorerst festhalten), so drängt das Wasser die Luft im Innern des Glases nach oben. Wasser ist eine recht gute Dichtung gegen Luftaustausch; es kann folglich keine Luft in das Wasserglas gelangen.
Der Papierdeckel und das Wasser haben natürlich das Bestreben, vom Glas nach unten auf den Boden zu fallen.
Dadurch würde sich aber das Volumen im oberen Teil des Wasserglases zu vergrößern haben, und dieses Bestreben wie-

*) Die korrekte Einheit des Drehmoments ergibt sich durch Multiplikation mit der Erdbeschleunigung von 9,81 m/sec^2.

derum ist mit einem kräftigen Unterdruck (= Sog) verbunden, der das Abfallen von Wasser und Papierdeckel verhindert.

Abwasserrohre

Nein, mit Geruchsbelästigung hat dies offensichtlich nichts zu tun. Bei Benutzung einer Toilette würden die entsorgten Feststoffe ohne Belüftungsrohr wahrscheinlich im Fallrohr stecken bleiben. Dies wäre genau dann der Fall, wenn die anfallenden Fäkalien den Querschnitt des Fallrohrs völlig verschließen würden. Im oberen Teil des verschlossenen Rohrs müßte dann infolge der Volumenvergrößerung zwischen den Feststoffen und dem Rohrende notgedrungen ein Unterdruck entstehen, der das weitere Absinken des Materials verhindern würde.

Spaghetti

Die Spaghetti werden von den Lippen luftdicht eingeklemmt. Soll sich nun die Spaghettinudel in den Mund hineinziehen, so läßt sich dies dadurch erreichen, daß man durch Anspannen des Zwerchfells und der Atemmuskulatur der Brust das Lungenvolumen vergrößert und so die Luft im Mund und Rachen teilweise in die Lunge absaugt.
Der entstehende Sog im Mund zieht die Spaghettinudel mitsamt den Wangen nach innen.

Volumenhalbierung

Man schüttet aus dem Wasserglas so lange Wasser aus, bis der Glasboden gerade noch bedeckt ist. Der Wasserspiegel teilt dann den Zylinder in 2 symmetrische und damit volumengleiche Teilkörper.

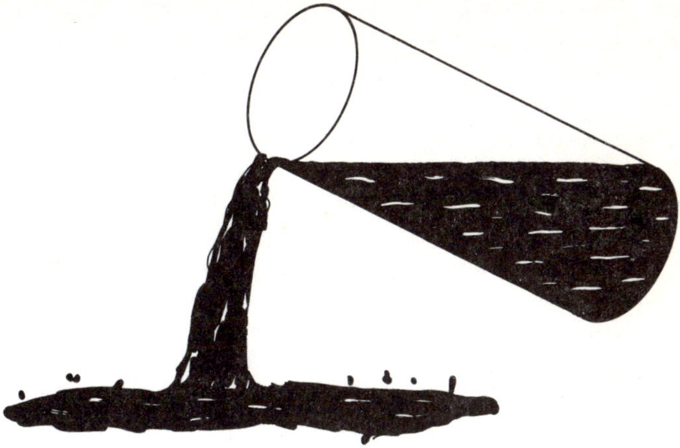

Zauberstock

Zunächst wird sich das Lineal mit der Handkante gleichzeitig in Richtung des Buchs bewegen, weil ein Buchrücken im allgemeinen einen kleineren Reibungskoeffizienten aufweist als eine trockene Handkante. Dann rutscht die Hand plötzlich unter dem fixierten Lineal hindurch, als würde es von da an auf dem Buch festgehalten werden, bis es wieder irgendwann von der Handkante weitergeschoben wird.
Dieser Wechselvorgang kann sich mehrmals wiederholen, bis sich letztlich Handkante und Buchrücken genau unter dem sogenannten *Schwerpunkt* des Lineals wiedertreffen.
Die Ursache für dieses doch merkwürdige Verhalten liegt darin, daß sich bei der anfänglichen Annäherung der Handkante an den Buchrücken der Druck des Lineals auf den Buchrücken dadurch erhöht, daß derselbe dem Schwerpunkt des Lineals näher kommt. Folglich wird somit auch die Reibungskraft (Rollreibung) zwischen Buchrücken und Lineal erhöht, bis sie ausreicht, das Lineal in die andere Richtung (relativ zur Handfläche) zu schieben.

Der Schwerpunkt des Lineals wird also immer durch dieses nicht stetige Annähern von Handkante und Buchrücken »eingefangen«.

Schaltproblem

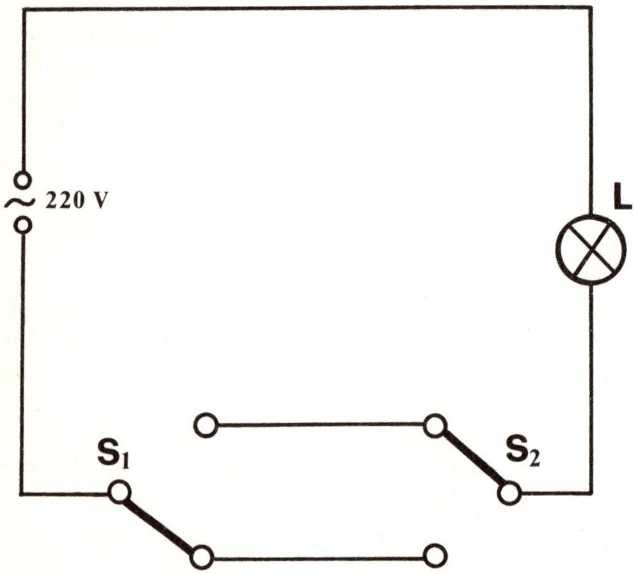

Eine Veränderung eines Schalters ändert in jedem Fall den momentanen »Schaltzustand«.

Fatale Lage

Dies ist ein schwieriges Unterfangen. Der Astronaut kann sich nämlich nirgendwo mit seinen Füßen abstoßen, um sich auf seine Raumkapsel zuzubewegen.

Der Raumflieger kann nur durch Wegwerfen eines Gegenstandes (z. B. Schuh o. ä.) in die zur Raumkapsel entgegengesetzte Richtung erreichen, daß er sich infolge des entstehenden Impulses auf die Kapsel zubewegt.
Nach dem sogenannten Impulserhaltungssatz entsteht dabei eine auf die Rakete gerichtete Geschwindigkeit V mit

$$V \cdot M = m \cdot v, \quad \text{also} \quad V = m \cdot v/M,$$

wobei M die Masse des Astronauten, m die Masse des weggeworfenen Gegenstands und v die Geschwindigkeit desselben darstellt.

Perpetuum mobile

Es handelt sich leider nicht um ein Perpetuum mobile. Prinzipiell gibt es hier 2 mögliche Fälle:

1. Die Metallkugel fällt durch das Loch, kann aber dem Magnetfeld nicht entfliehen, weshalb die Bewegung dann auf der schiefen Ebene unterbrochen würde.
2. Die Kugel fällt durch das Loch und entkommt dem Magnetfeld; dann rollt die Kugel wieder zum Ausgangspunkt zurück. Aber auch in diesem Fall wäre die Bewegung jetzt unterbrochen, da sich die Kugel ja nicht mehr innerhalb des Magnetfelds befindet und deshalb auch nicht mehr angezogen werden kann (dann hätte die Kugel auch am Anfang des Experiments nicht angezogen werden können).

Luftballons

Es bläst nicht der große den kleinen, sondern vielmehr der kleine den großen Luftballon weiter auf. Dies ist einigermaßen erstaunlich.
Sie haben vielleicht beim Aufblasen von Luftballons gemerkt, daß zu Beginn der Blaserei der Spannungsdruck am größten ist. Deshalb wird in dem kleinen Luftballon der Druck auch

größer sein als im großen Ballon; der kleine Luftballon wird sich folglich (Druckausgleich) in den großen Luftballon entleeren.

Rollenzug

Der Arbeiter wird in der Lage sein, durch einen kurzen Ruck am Seil sich selbst und das Gegengewicht geringfügig vom Boden nach oben zu heben. Danach hängen beide in gleicher Höhe in der Luft, und ein Weiterkommen ist für beide Teile nicht mehr möglich.
Vergleichen Sie hierzu die Lösung der Aufgabe *Affe oder Banane?* auf Seite 59.

Trägheit

Die Fliege wird ebenfalls infolge der wirkenden Trägheitskraft an die vordere Wand prallen. Nach dem Trägheitsgesetz behält ein Körper seine Geschwindigkeit nach Betrag und Richtung (Kraftvektor) so lange bei, wie keine äußeren Kräfte auf ihn wirken.
Man könnte sich den Sachverhalt auch so erklären: Die Bremsverzögerung wirkt nur auf die mit dem Zug fest verbundenen Teile. Somit behalten die Reisenden und erst recht die Fliege die momentane Bewegungsgeschwindigkeit (absolut gesehen) bei und prallen gegen die nächste Wand vor ihnen.
In einem großen Raum verhält sich der Luftballon genau wie die Fliege. Etwas anders sieht es jedoch in einem engen Raum, beispielsweise in der Fahrgastzelle eines Pkws, aus. Hier muß berücksichtigt werden, daß der Ballon sehr leicht ist und dazu einen hohen Luftwiderstand besitzt. Zunächst wird sich der Ballon beim Abbremsen des Autos nach vorn bewegen und sich der Vorderwand somit nähern. Dabei drückt und komprimiert er die Luft zwischen sich und der Vorderwand, wodurch der Ballon einen Kraftstoß in die umgekehrte Richtung erhält. Der Ballon wird sich deshalb nach hinten bewegen.

Flaschenblasen

Es ist anzunehmen, daß das 2. Experiment wohl anders als erwartet ausgehen wird. Sonst wäre die Frage nicht in dieser Weise gestellt.
Auch wenn Sie hier Gewalt anwenden und sehr stark in die Flasche blasen, die Wirkung wird um so größer sein, allerdings umgekehrt als gewollt.
Auf diese Weise werden Sie den Korken nie in die Flasche bekommen; im Gegenteil, der Korken wird Ihnen entgegengeschossen kommen. Die Ursache dafür liegt in dem in der Flasche (durch das Hineinblasen) entstehenden Überdruck, der den Gegenstand nach außen schleudert.
Wenn Sie das Wirkungsprinzip hier noch nicht verstanden haben, sollten Sie einmal einen Luftballon in die Flasche hängen und versuchen, Luft durch das heraushängende Mundstück in den Ballon zu blasen. Auch dies wird infolge des entstehenden Überdrucks in der Flasche (durch Volumenverkleinerung des Raums zwischen Luftballon und Flasche) kaum möglich sein. Die Flasche muß zwischen Flaschenhals und Luftballon dicht verschlossen sein.

Zauberdose

Durch einen eingebauten einfachen Antrieb ist dies tatsächlich möglich!
Dem Antrieb muß dabei wie gefordert keine elektrische Energie zugeführt werden.
Bohrt man in die Blechdose, deren Deckel abnehmbar sein muß, auf jeder Stirnseite je 2 Löcher und führt wie in der Abbildung gezeigt ein Gummiband (Rexgummi) durch die Öffnungen, so wird dieses Gummiband kinetische Energie (Bewegungsenergie) speichern. Dies kann beispielsweise dadurch vorbereitet werden, daß man die sich im Innern der Dose kreuzenden Gummibänder mit einem Gewicht fixiert.
Läßt man die so veränderte Dose zunächst ein Stück bergab

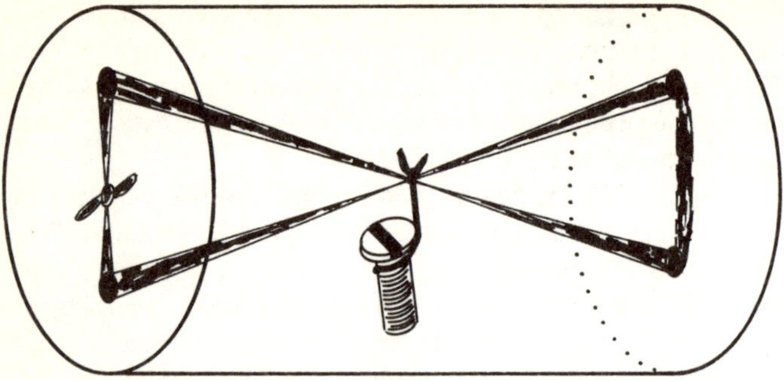

rollen, so wirkt das innere Gummiband wie eine gespannte Bewegungsfeder. Die gespeicherte Energie bewirkt ein Bergaufrollen der Dose, sobald das Gummiband eine bestimmte Spannung erreicht hat.

Eimerspiele

Wenn der Stein oder das Holzstück ins Wasser eingetaucht wird, verdrängen jeweils beide Gegenstände Wasser. In beiden Fällen wird jedoch nicht nur der Platz des volumengleichen Wassers verdrängt, sondern hier auch gewichtsmäßig ersetzt. Dadurch muß freilich der Wasserstand in dem Eimer mit dem Gegenstand entsprechend ansteigen. In beiden Fällen wird deshalb der betreffende Eimer um die Masse des verdrängten Wassers schwerer, und es wird sich somit ein Ungleichgewicht einstellen.

Stapelspaß

Es ist klar, daß ein einziger Stein mit einer Länge von a cm einen Überhang von höchstens a/2 cm haben darf, damit er auf dem Tisch liegenbleibt. Dann liegt auch der Schwerpunkt dieses Steins noch senkrecht über dem Tisch (Abb. a).

Bei 2 übereinanderliegenden Steinen muß der gemeinsame Schwerpunkt dieses Steinsystems im Grenzfall über der Tischkante liegen. Den gemeinsamen Schwerpunkt kann man durch eine gedankliche Verbindungslinie zwischen den beiden Einzelschwerpunkten finden (Abb. b).
Der absolute Überhang des 2. Steins darf demnach höchstens (a/2+a/4) cm betragen. Verfährt man mit 3 übereinanderliegenden Steinen analog, so ergibt sich für den 3. Stein ein maximaler Überhang von (a/2+a/4+a/6) cm (Abb. c).

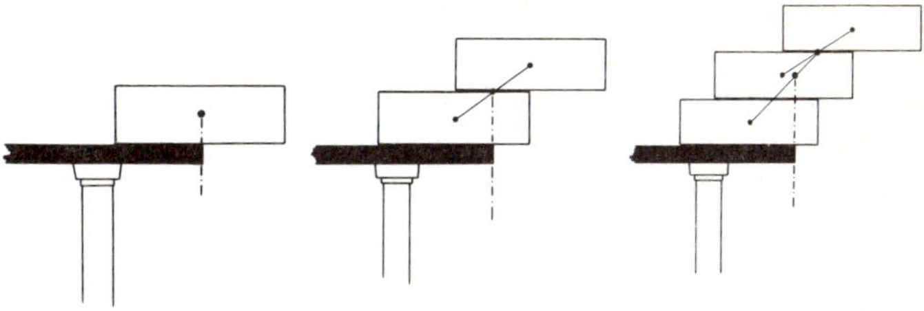

a) *b)* *c)*

Bei 4 Steinen hat man sein Ziel schon erreicht, der maximale Überhang des obersten Steins beträgt nämlich

$$(a/2+a/4+a/6+a/8)\ \text{cm} = 25a/24\ \text{cm}$$

und damit mehr als eine gesamte Steinlänge.
Mit 31 Steinen kann sogar ein Überhang von 2 Steinlängen erreicht werden, wie folgende Tabelle zeigt:

Anzahl der Steine	maximal möglicher Überhang
1	0,5
2	0,75
3	0,916
4	1,041
5	1,141
6	1,225

Anzahl der Steine	maximal möglicher Überhang
7	1,296
8	1,359
.	.
.	.
30	1,997
31	2,014

Diese Tabelle kann beliebig fortgeführt werden. Übrigens erreicht man einen dreifachen Überhang theoretisch frühestens mit dem 227. Stein.

Theorie im Regen

Ob Sie es glauben oder nicht, es hängt tatsächlich von der Regenrichtung ab, wie naß Sie werden!
Bei einer genaueren Betrachtung muß man Kopf und Körper trennen und die Körperflächen wiederum aufteilen in Vorderseite, Rücken und Seiten. Der Kopf (und die Schultern) wird auf jeden Fall naß. Wie naß, das hängt außer von der Stärke des Regens nur von der Zeit ab, die Sie im Regen verbringen: Hier hilft also nur rennen.
Kommt nun der Regen senkrecht von oben, so werden die Seitenflächen nicht getroffen, wenn Sie ruhig stehenbleiben. Ob dies bei einem lang anhaltenden Regen wirklich günstig ist, sei dahingestellt, da der Kopf immer nasser wird.
Sobald Sie jedoch loslaufen, wird zumindest Ihre Vorderseite zusätzlich naß, weil Sie dann die Tropfen geradezu aufsammeln, und zwar in jeder Sekunde um so mehr, je schneller Sie rennen. Dafür erreichen Sie aber bei höherer Geschwindigkeit schneller das schützende Heim, verbringen also weniger Sekunden draußen im Regen.
Ergebnis: Wie Sie's auch drehen und wenden, Ihre Vorderseite sammelt die gleiche Regenmenge. Höheres Tempo verhilft Ihnen allerdings zu einem weniger nassen Kopf. Analoge Ergebnisse entstehen bei Regen von vorne oder von der Seite.

Nur wenn der Regen schräg von hinten kommt, haben Sie eine Chance. Bleiben Sie stehen, wird Ihr Rücken naß, während Sie gleichzeitig das vor Ihnen liegende Stück Erde gegen den Regen schützen. Daher sollten Sie sich genau mit der Horizontalkomponente der Fallgeschwindigkeit des Regens bewegen. Dann können nämlich die hinter Ihnen herfliegenden Tropfen Sie nicht erreichen, gleichzeitig aber holen Sie auch nicht die Tropfen ein, die vor Ihnen zu Boden fallen. Werden Sie dagegen schneller, fangen Sie diese mit Ihrer Vorderseite auf, während Ihr Rücken nach wie vor trocken bleibt.
Eines sei allerdings nicht verschwiegen: Ist diese Horizontalkomponente sehr klein, dürfen Sie nur langsam gehen, bleiben also länger draußen. Um so mehr bekommt daher in diesem Fall Ihr Kopf ab!

Türgequietsche

Wenn die Gleitflächen der Türangeln nicht von Anfang an schon rauh waren, werden sie es spätestens dann, wenn sich Rost gebildet hat. Dadurch haften bei der Bewegung bestimmte Stellen kurzfristig aneinander. Es treten Drehkräfte auf, die im Türscharnier zu mikroskopischen Verbiegungen führen. Hört die Haftung auf, schwingen die verbogenen Stückchen zurück. Diese Schwingungen erzeugen in der Luft wiederum Schallwellen, die als Quietschen in unser Ohr dringen.
Bekanntlich kann durch Ölen der sogenannte Reibungskoeffizient erniedrigt werden. Danach sind nur noch kleinere Drehkräfte erforderlich, weshalb die Tür nicht mehr quietscht.

Theorie und Praxis

Regel 1:
Stellt man die Formel der Aufgabe von Seite 69 um, so erhält man für die Bremswirkung: *Verzögerung = (Geschwindig-*

keit)^2/doppelten Bremsweg ($a = v^2/2s$). Hierbei ist die Geschwindigkeit in m/sec*) einzusetzen. In dieser Beziehung steht für die Beschleunigung die Verzögerung. Unsere Faustformel liefert uns für eine Geschwindigkeit von 100 km/h einen Bremsweg von ebenfalls 100 m. Ferner ist 100 km/h = 27,78 m/sec. Setzt man das in die physikalische Formel ein, so muß die Verzögerung $27{,}78^2/200 = 3{,}86$ m/sec^2 betragen. Dies ist mehr als der gesetzlich vorgeschriebene Mindestwert und kann insbesondere bei schlechter Witterung zu Problemen führen, da dann aufgrund der schlechten Bodenhaftung (Aquaplaning) die genannte Bremsverzögerung nicht erreicht und damit der Bremsweg länger wird.

Regel 2:
Sind die Bremsen an 2 hintereinander fahrenden Autos in Ordnung, so kommt es offenbar darauf an, nicht während der Schrecksekunde, d. h., bevor man selbst anfängt zu bremsen, schon das Heck des Vordermanns zu erwischen. Während dieser Zeit legt man ungebremst einen Weg zurück, der dem Produkt *Geschwindigkeit* x *Reaktionszeit* entspricht.
Bei einer Geschwindigkeit von (innerorts) 50 km/h = 13,89 m/sec steht uns demnach eine Reaktionszeit von 1,8 sec zu, wenn wir unserer Faustregel folgen und 25 m Sicherheitsabstand einhalten. Außerhalb geschlossener Ortschaften erhält man bei 100 km/h = 27,78 m/sec und bei einem Sicherheitsabstand von 100 m sogar 3,6 sec Reaktionszeit zugestanden.
Da die Reaktionszeiten in der Praxis bei 1 Sekunde liegen, reicht das allemal aus, sofern unsere Bremse nicht der des Vordermanns hoffnungslos unterlegen ist. Und auch, wenn Sie Ihr Auto immer gut in Schuß haben, sollten Sie an die unterschiedliche Bremswirkung von Trommelbremsen, Scheibenbremsen oder gar ABS (Anti-Blockier-System) denken!

---

*) Für die Abkürzung Sekunde ist hier sec (englische Schreibweise) gewählt worden, um Verwechslungen mit der offiziellen Schreibweise des Formelzeichens s für Weg zu vermeiden.

Stille Nacht - heilige Nacht

Zwischen den frisch gefallenen Schneeflocken bilden sich immer größere oder kleinere Zwischenräume, die entstehenden Schall gut absorbieren können.
Nach einem Schneefall gehen somit viele Umweltgeräusche im Schnee verloren.
Das Knirschen im Schnee hängt sicher von der Bodentemperatur ab. Wenn es sehr kalt ist (ab −20 °C), kann der Schnee unter den Füßen eines Spaziergängers nicht mehr schmelzen, wodurch die Knirschgeräusche entstehen (vergleiche Aufgabe S. 11, *Fleiß bricht Eis*).

Gangschaltung

Durch Treten der Pedale wird auf die Kette eine Kraft ausgeübt, die diese auf den Zahnkranz im Hinterrad überträgt. Je größer nun dort der Zahnkranzdurchmesser ist, desto größer ist auch das entstehende Drehmoment (*Kraft* x *Zahnkranzradius*), wodurch das Hinterrad vorwärtsbewegt wird. Unter dem Drehmoment versteht man das Produkt aus einer Kraft und dem senkrecht zu ihr stehenden Hebelarm, an dem diese Kraft angreift.
Die Anfangskraft wird durch den Tritt des Radfahrers auf das Pedal ausgeübt, dessen Länge im Idealfall des senkrechten Tretens den Hebelarm darstellt. Hier entsteht folglich ein Drehmoment, das in gleicher Größe auf den vorderen Zahnkranz wirkt. Das Zahnrad dreht sich und zieht die Kette mit, übt also auf sie eine Kraft aus. Diese Kraft wirkt nun über die Fahrradkette auf den Zahnkranz am Hinterrad und erzeugt dort das Drehmoment, das für den Antrieb des Hinterrads sorgt. Dieses Drehmoment ist um so größer, je größer der Radius des hinteren Zahnkranzes (Hebelarm!) ist.
Deshalb ist bei gleichem Drehmoment am Hinterrad die einzusetzende Kraft um so kleiner, je größer der Zahnkranz am

hinteren Rad ist. Für das Bergauffahren sollte man also den größten Zahnkranz wählen, um die geringste Kraft einsetzen zu müssen.

Aräometer

Die Eintauchtiefe der Senkwaage bleibt die gleiche, da das Gewicht der Senkwaage und das der verdrängten Flüssigkeit im selben Verhältnis abnehmen. In völliger Schwerelosigkeit dagegen funktioniert die Waage nicht mehr, da sie dann keine Flüssigkeit mehr verdrängen kann.

Masse - Gewicht

Oft werden die beiden Begriffe Masse und Gewicht verwechselt oder falsch verwendet. Nun, die Masse eines Körpers wird in kg gemessen und verändert sich nicht durch einen Ortswechsel; dies gilt auch z. B. für den Mond: Ein Körper der Masse 50 kg besitzt diese Masse sowohl auf der Erde als auch auf dem Mond.
Alle Körper erfahren von der Erde bekanntlich eine Anziehungskraft, die sogenannte *Gewichtskraft*, die in Newton (N) angegeben wird. Aber diese Anziehungskraft nimmt mit wachsender Entfernung von der Erdmitte ab*). Deshalb ist die Gewichtskraft und damit das Gewicht ein und desselben Körpers am Äquator geringer als an den beiden Polen, da die Pole etwas näher als der Erdäquator zur Erdmitte liegen. Am Erdäquator sind alle Körper ungefähr 0,5 % leichter als an den Polen.

---

*) Die Anziehungskraft ist abhängig von der Masse m_1 der Erde und auch von der Masse m_2 des betrachteten Körpers:

$$F = \frac{m_1 \cdot m_2}{r^2} \cdot \gamma$$

dabei ist die Gravitationskonstante $\gamma = 6{,}672 \cdot 10^{-11}\ \mathrm{Nm^2/kg^2}$ und r der Abstand der Massenmittelpunkte beider Körper.

Der Mond kann auf Körper, die sich auf ihm befinden, natürlich keine so große Anziehungskraft ausüben wie die Erde, da der Mond ja sehr viel weniger Masse besitzt als die Erde. Der Mond kann alle Körper auf seiner Oberfläche nur mit dem 6. Teil der Gewichtskraft anziehen, wie dies die Erde mit diesem Körper könnte. Ein Körper, der auf der Erde 10 N wiegt, erhält auf dem Mond also ein Gewicht von etwa 1,7 N; im Weltall würde dieser Körper bei ausreichender Entfernung von allen Himmelskörpern, die anziehend wirken, bekanntlich *schwerelos* und somit ein Gewicht von Null Newton besitzen.

Bremsschule

Das Auto beginnt sich zu drehen, da durch die greifenden Räder auf der linken Seite ein anderer Vortrieb entsteht als durch die unkontrolliert durchrutschenden rechten Räder. Geben Sie nun Gas, zieht Ihre linke Seite stärker nach vorne, und Sie drehen sich nach rechts, also in Richtung Graben; bremsen Sie dagegen, so will die linke Autoseite hinter der rechten zurückbleiben, Sie drehen sich also nach links.
Sowohl starkes Gasgeben als auch scharfes Bremsen sind in solchen Situationen schlecht, da das Auto dann um so schneller herumgerissen wird. Hier scheint Stotterbremsen angebracht (noch besser: Sie bremsen mit ABS). Fahranfänger sollten vorher jedoch die Wirkungsweise auf einem großen Parkplatz ausprobieren!

Waldi

Solch eine Aufgabe wird von Nichtmathematikern wohl schneller gelöst als von Mathematikern. Letztere erkennen nämlich sofort, daß es sich um eine sogenannte Reihe handelt, und fangen an, Formeln dafür zu entwickeln.
Viel einfacher geht's ohne Formel: Wenn der Hund viermal so schnell ist wie der Förster, muß er in der Zeit, die der För-

ster für 100 m braucht, auch den vierfachen Weg zurückgelegt haben! Waldi ist somit 400 m gelaufen!

Böser Bube

Sie muß einen Kreis schwimmen, dessen Radius etwas kleiner als ein Viertel des Seeradius ist. So kann sie sich in eine Position manövrieren, in der sie durch 5/4 des Seeradius von ihm getrennt ist. Nun hat sie nur wenig mehr als 3/4 des Radius bis zum Ufer zu schwimmen, während er um den halben See herumlaufen muß und dabei ungefähr 3,14 Seeradien (der Umfang des Kreises beträgt $2 \cdot \pi \cdot r = 2 \cdot 3{,}14 \cdot r$) zurückzulegen hat. Da er viermal so schnell läuft, wie sie schwimmen kann, hat er erst 3 Radien geschafft, wenn sie ans Ufer kommt.
Ist nun der See nicht so klein, daß der Bösewicht den Zehntelradius mit einem kühnen Sprung überqueren kann, so wird sie ihm entkommen, da sie ja mindestens genauso schnell läuft wie er.

Das ist eine Wucht

Sie sollten die Reifen in Zukunft irgendwo anders kaufen! Allerdings hilft nur das dynamische Auswuchten wirklich.
Der Unterschied ist nun folgender: Bei statischer Unwucht geht die Drehachse nicht durch den Radschwerpunkt, d. h., das Rad würde seitlich abkippen, wenn Sie es auf einer dünnen Stange waagerecht balancieren wollten. Dynamische Unwucht kann auch dann vorkommen, wenn statisch alles in Ordnung ist, etwa, wenn Materialungleichheiten auf Vorder- und Hinterseite eines Reifens auftreten, die sich im Mittel ausgleichen. Dies führt dann dazu, daß das betreffende Rad auf der Achse beim Fahren Ansätze zu Kreiselbewegungen um seine sogenannte Hauptträgheitsachse zeigt.
Reicht daher beim statischen Auswuchten 1 gezielt angebrachtes Bleigewicht aus, so braucht man für das dynamische Auswuchten evtl. 2.

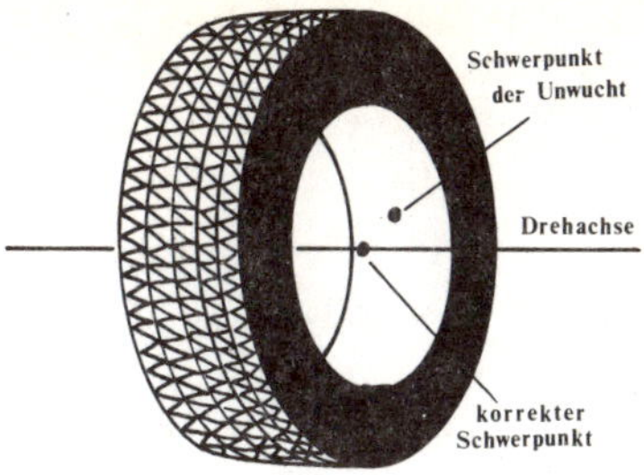

Statische Unwucht

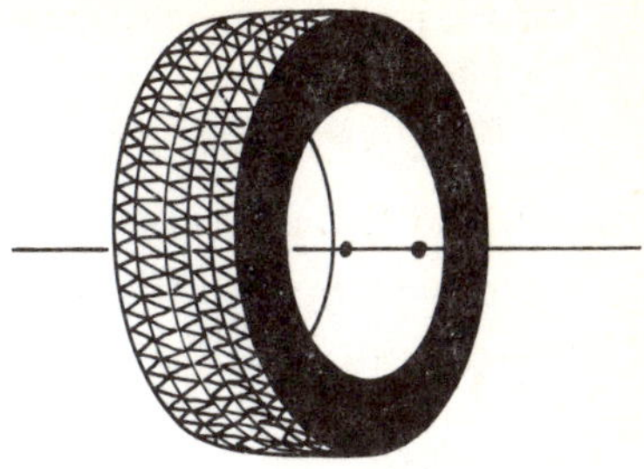

Dynamische Unwucht

Schwer beladen

Das flache Asowsche Meer, in das der wasserreiche Don fließt, hat einen wesentlich geringeren Salzgehalt als das Schwarze Meer. Dieses wiederum ist viel »süßer« als das Mittelmeer, in das praktisch nur Nil, Ebro, Po und Rhone fließen und das starker Verdunstung ausgesetzt ist.
Mit dem Salzgehalt ändert sich auch die Dichte (spezifisches Gewicht):

Mittelmeer	38 g Salz pro l	Dichte 1,028 g/cm^3
Schwarzes Meer	16 g Salz pro l	Dichte 1,014 g/cm^3
Asowsches Meer	3 g Salz pro l	Dichte 1,003 g/cm^3

Da die Tragfähigkeit mit der Dichte zunimmt (ein eintauchender Körper kann nicht mehr soviel Flüssigkeit verdrängen), trägt das Mittelmeer etwa 1,4 % mehr Schiffsgesamtgewicht als das Schwarze Meer, dieses wieder 1,1 % mehr als das Asowsche Meer. Pro 100 kg Gold müßte also 1,1 kg Gold über Bord geworfen werden.

Ebbe und Flut

Gar keine, da sich das Schiff mit dem Wasserspiegel hebt!

Badewannenproblem

Auch wenn Sie es zunächst nicht glauben wollen, er sinkt! Wenn das Schiff nämlich schwimmt; verdrängt es so viel Wasser, wie es seiner Masse entspricht, dagegen nach dem Sinken nur noch so viel, wie es seinem Volumen entspricht. Dies ist keinesfalls das gleiche, da sich die Masse des schwimmenden Schiffs aus der Masse des Schiffsmaterials und der Masse der Luft im Innenraum zusammensetzt. Letztere entweicht aber beim Sinken, die Innenräume füllen sich mit Wasser. Es verdrängen nun also nur noch die festen Teile des Schiffs, diese aber brauchen weitaus weniger Platz im Wasser, da ja sonst das Schiff vorher nicht geschwommen wäre. Der Wasserspiegel fällt folglich.

Steine über Bord

Der Wasserspiegel fällt auch hier:
Solange die Steine im Boot sind, ist die Steinmasse für die zusätzliche Verdrängung des Wassers (durch das Boot) maßgebend. Befinden sich jedoch die Steine im Wasser, so ist natürlich nur noch das Steinvolumen für die Wasserverdrängung von Bedeutung.
Folglich ist die Wasserverdrängung größer, wenn sich die Steine im Boot befinden.

Halbschlau

Zum Glück nicht, da es bei der Wasserverdrängung nur auf das Verhältnis der spezifischen Gewichte ankommt. Dieses ändert sich aber für das Wasser durch Hinzugabe des Spülmittels nur mathematisch erst weit hinter dem Komma.
Anders ist es bei Enten. Sie schwimmen deshalb, weil ihr Gefieder sich selbst einfettet und dadurch wasserabstoßend wird. Die im Gefieder eingeschlossene Luft verschafft ihnen dann den nötigen Auftrieb. Hier löst Spülmittel das Fett, das Gefieder saugt sich voll, die Enten können ertrinken.

Roter Korsar

Ja, das funktioniert, sofern das Boot dicht ist. Die Luft, die beim Kippen im Hohlraum unter dem Boot geblieben ist, kann nicht nach oben entweichen und steht daher zum Atmen zur Verfügung.
Die Unterseeboote funktionieren ganz ähnlich. Hier nimmt der an sich schwimmfähige Hohlkörper Wasserballast auf und sinkt dadurch. Zum Wiederauftauchen muß allerdings dieses Wasser wieder ausgepumpt werden.

Tauchschule

Prinzipiell bedeutet Atmen den Austausch von verbrauchter und unverbrauchter Luft. Aber auch die Frischluft ist für uns nicht völlig verwendbar, sondern nur der Sauerstoffanteil (etwa 21 %). Die rund 78 % Stickstoff dagegen sind für uns wertlos. Ferner kann nur der Anteil weiterverarbeitet werden, der wirklich in die Lunge kommt. Mund, Luftröhre und Bronchien gehören zum sogenannten Totraum. Ein sich dort hin- und herbewegendes Gas hilft uns ebenfalls nicht. Die Atembewegung selbst findet statt, indem die zuständigen Muskeln den

Brustkorb dehnen. In der Lunge entsteht ein Unterdruck, es strömt Gas ein.
Nun zu den Tauchproblemen:
Eine Verlängerung des Schnorchels ist nur in engen Grenzen sinnvoll. Zum einen wird nämlich der Totraum immer größer, d. h., es wird nur noch die Luft im Schnorchelrohr erneuert, die verbrauchte Luft der Lunge gelangt ins Schnorchelrohr, aber nicht mehr hinaus und wird beim Einatmen wieder angesaugt. Verengt man das Rohr stark, um dessen Volumen herabzusetzen, steigt der Strömungswiderstand stark an und verhindert eine ausreichende Atmung. (Versuchen Sie einfach mal, nur durch einen Strohhalm Luft zu holen!) Ferner wird ab einer Tiefe von etwa 1,12 m der Wasserdruck auf den Brustkorb so groß, daß ihn die Muskeln nicht mehr dehnen können. Die Atmung setzt dann ebenfalls aus.
Das Tauchgerät baut gegen den Wasseraußendruck einen Gegendruck auf, der ein Atmen mit normaler Anstrengung ermöglicht. Durch den hohen Druck des Geräts wird jedoch auch mehr Stickstoff im Blut gelöst als unter normalen Bedingungen (in 60 m Tiefe das Sieben- bis Achtfache). Beim Auftauchen läßt der Druck wieder nach, der Stickstoff bleibt nicht mehr im Blut gelöst. Erfolgt der Auftauchvorgang zu schnell, kann das überschüssige Gas nicht abgeführt werden, es entstehen Stickstoffgasblasen im Blut, die zur Verlegung (Verstopfung) von kleinen Blutgefäßen führen können.
Beim Tauchen ohne Atemhilfe löst das Ansteigen der Kohlendioxidmenge im Körper (CO_2 ist ein Endprodukt der Atmung) einen Auftauchreflex aus. Durch hechelndes Atmen vor dem Tauchen kann man den Sauerstoffgehalt des Blutes kurzfristig steigern, den CO_2-Gehalt etwas absenken. Beim Tieftauchen wird ferner durch den Druck des Wassers auf den Brustkorb der Sauerstoffgehalt des Blutes zunächst auf Kosten der Reserve in den Lungen erhöht.
Beides zusammen bewirkt ein langsameres Ansteigen des CO_2-Anteils, so daß das Auftauchsignal des Körpers verspätet erfolgt. Beim Auftauchen wird der Brustkorb entlastet und durch die geänderten Druckverhältnisse der Sauerstoffnach-

schub unterbunden. Erreicht man die Wasseroberfläche nicht, bevor der Sauerstoff im Blut verbraucht ist, entsteht eine Ohnmacht, und man ist in großer Gefahr, zu ertrinken.

Portwein

Da Alkohol schneller verdampft als Wasser, verdampft dieser aus der Randbenetzung besonders leicht. Dadurch steigt dort die Oberflächenspannung, und zum Kräfteausgleich wird Flüssigkeit aus dem Glas nachgezogen. Irgendwann wird die Haut so schwer, daß sich Tropfen abspalten und am Glas hinunterrinnen.

Fettfleck

Fetthaltiges Benzin hat eine höhere Oberflächenspannung als sauberes. Deshalb wird beim Nachreinigen das saubere Benzin nach außen gezogen. Dabei zieht dieses wiederum den Schmutz mit, der sich anschließend als Kranz ablagert. Besser ist es, mit dem sauberen Benzin einen Kreis um das schmutzige Benzin vom Vorreinigen zu ziehen. Dadurch wird dieses auf die Mitte zurückgedrängt und kann dort mitsamt Schmutz mit einem Lappen abgesaugt werden.

Hohe Bäume

Prinzipiell schon, wenn die Steigröhrchen nicht dicker als 0,1 Mikrometer ($1/10\,000$ cm) werden. Aber davon hätte der Baum noch nichts, denn er könnte die Flüssigkeit nicht absaugen. Dies ist wegen des Außenluftdrucks nur bis zu einer Höhe von 10 m möglich, weil 10 m Wassersäule den Druck 1 at, normale Außenluftdruck, ergeben. Deshalb hilft sich der Baum durch Verdunsten in der Baumkrone: Es entsteht ein Wasserunterschuß und dadurch ein Unterdruck, der neuen Saft nachsaugt.

Blätter im Herbst

Das Blatt gleitet zunächst auf einem Luftpolster abwärts. Da es von der Luft nicht genau von unten angeströmt wird, hebt sich eine Kante. Das Blatt stellt sich dabei so lange schräg, bis es seine volle Fläche in Richtung der Fallbewegung ausbreitet. Nun wird der Luftwiderstand zu groß, das Blatt rutscht in entgegengesetzter Richtung am Luftpolster ab und gleitet wieder zurück, bis es durch die entgegengesetzte Kippbewegung seine Fläche nun dem Fall in dieser Richtung entgegenstellt. Dadurch bleiben die Blätter in Stammnähe.
Der Fernflug wird verbessert, wenn man das Pendeln verhindern kann. Dies geschieht etwa beim Ahorn-, Linden- oder Ulmensamen durch die Propellerbewegung, die eine Richtungsstabilisierung hervorbringt.

Teetrinker

Nehmen wir an, wir rühren gegen den Uhrzeigersinn (linksherum), so rotiert der Tee wie die Erde, wenn man auf den Nordpol schaut. Begeben wir uns nun gedanklich in die Tasse und rotieren mit! Wir stellen fest, daß die Partikel in randnahen Zonen infolge der Reibung zurückbleiben, also sie laufen von uns aus gesehen nun rechtsherum. Dadurch entstehen beim Sinken der Teeblattpartikel sogenannte Corioliskräfte (vergl. S. 64), die zu einer Rechtsablenkung, also einer Ablenkung nach innen, führen. Die nach oben gewirbelten Flüssigkeitsteilchen werden dagegen durch dieselben Kräfte nach außen gezogen. Diese Bewegung können die Teeteilchen wegen ihres Gewichts allerdings nicht mitmachen.
Beim Umrühren im Uhrzeigersinn kommt übrigens das gleiche heraus! Der Tee rotiert nun wie die Erde, wenn man auf den Südpol schaut, die zurückbleibenden Teilchen bewegen sich scheinbar linksherum. Diese »doppelte Richtungsumkehr« bewirkt, daß die Corioliskräfte die Teeteilchen erneut zur Mitte treiben.

Heimsänger

Die Frequenzbereiche von Baß, Tenor, Alt und Sopran sind etwa 66–350 Hz, 100–520 Hz, 130–700 Hz, und 200–1050 Hz. Die günstigste Raumlänge, deren Luft durch Singen in optimale Resonanz versetzt wird, beträgt 2,5–0,5 m, 1,7–0,3 m, 1,3–0,24 m bzw. 0,8–0,16 m. Folglich ist in einem (normalen) Badezimmer der Stimmklang für Baß und Tenor und in einer kleinen Toilette der Stimmklang für Alt und Sopran am günstigsten. (Dies muß natürlich nicht immer Mitbewohner und Nachbarn erfreuen!)

Schallwellen im Wasser

Wasser leitet den Schall zwar sehr gut, aber es ist schwierig, aus dem luftgefüllten Sprechapparat genügend Schallintensität ins Wasser zu bringen. Die Reflexion der Schallwellen ist nämlich so stark, daß man immer nur 1/10 000 weiterleiten kann. Beim Übergang ins ebenfalls luftgefüllte Innenohr sinkt die Lautstärke wiederum auf 1/10 000. Somit erreicht nur noch 1/100 000 000 der ursprünglichen Lautstärke das Gegenüber. Da somit normale Mikrophone von den Unterwassergeräuschen nur sehr wenig registrieren, glaubte man auch lange, die Fische seien stumm. Erst mit der Verwendung von speziellen Übertragungsgeräten kam man dazu, diese Ansicht zu revidieren.

Seegeflüster

Die größere Schallgeschwindigkeit in Wasser ist nicht der Grund. Wegen der starken Reflexion der Schallwellen an der Trennfläche Wasser/Luft kommt nämlich praktisch kein Schall ins Wasser oder aus ihm heraus. Auch die Freiheit von Hindernissen ist nicht der Hauptgrund, da über freien Sandflächen der Effekt allenfalls weitaus schwächer zu beobachten ist. Ursache ist vielmehr, daß über dem See eine sogenannte Temperaturinversion herrscht: Dicht über dem Wasser ist es kühl, mit zunehmender Höhe steigt die Temperatur schnell auf den Normalwert an und nimmt dann weiter nach oben stetig ab. Da sich der Schall in warmer Luft schneller ausbreitet, führt das zu einer Bündelung des Schalls, ähnlich wie im Sprachrohr. Über heißem Sand und Asphaltflächen tritt dagegen eher das Gegenteil ein, da die Luft in Erdbodennähe vergleichsweise zu heiß ist.

Daß man so schwer gegen den Wind anschreien kann, liegt nicht im Verlust an Schallgeschwindigkeit *(die Schallgeschwindigkeit hängt von dem Material und von der Temperatur ab. In der Luft beträgt sie bei 0 °C 331 m/sec, in Wasser 1407 m/sec und z. B. in Eisen 5100 m/sec)*, da der Wind immer langsam gegen den Schall ist (selbst ein Orkan mit 120 km/h = 33,3 m/sec erreicht nur etwa 1/10 der Schallgeschwindigkeit), sondern an einem negativen Sprachrohreffekt: In größerer Entfernung von Hindernissen (selbst unser Kopf stellt ein solches Hindernis dar!) ist die Strömung schneller. Daher fächern die »Schallstrahlen« auf, und man hat das Gefühl, daß einem der Schall vom Mund weggerissen wird.

Wärme und Kälte

Der Eindruck von Wärme oder Kälte stammt nicht nur aus dem berührten Gegenstand, sondern auch aus dem Empfinden durch den Teil der Hand, der den Gegenstand berührt. Infolge seiner weit höheren Wärmeleitfähigkeit entzieht kaltes Metall der Hand mehr Wärme, heißes Metall führt ihr mehr zu. So entsteht dieser subjektive Eindruck durch einen schnelleren Wärmeentzug.

Heißer Kaffee

Die Endzusammensetzung des Kaffees ist bei beiden Methoden die gleiche. Man braucht also nur zu fragen, in welchem Fall Kaffee und Milch zum Schluß mehr Wärme enthalten bzw. weniger Kalorien (Wärmemenge) an die Umgebung abgegeben haben. War die Milch zimmerwarm, verliert nur der Kaffee bzw. das Gemisch Wärme. Dieser Verlust ist etwa proportional zur Oberfläche und steigt daran gemessen um so stärker, je größer die Temperaturdifferenz zur Umgebung ist. Dies bedeutet, daß bei großer Temperaturdifferenz auch der Wärmeverlust sehr groß ist; bei kleiner Temperaturdifferenz ist der Wärmeverlust verhältnismäßig kleiner.
Beim Hinzufügen von Milch nimmt nun das Volumen zu, die Temperatur im gleichen Maße ab. Auch die Oberfläche nimmt zu, aber um einen geringeren Prozentsatz als das Volumen. Deshalb gibt das Gemisch seine Wärme nun weniger schnell ab, ist also zum Schluß noch wärmer als beim Zusammenschütten nach dem Telefonieren.

Milch und Zucker

Man hüte sich vor folgendem Trugschluß: Der Zucker entzieht dem Kaffee immer die gleiche Lösungswärme, unabhängig von dessen Temperatur. Dagegen muß der Kaffee um so mehr Mischungswärme an die Milch abgeben, je heißer er ist. Daher ist es besser, den Kaffee erst durch Hineinschütten des Zuckers leicht abzukühlen und dann erst die Milch zuzugeben.
Man übersieht dabei, daß auch der Zucker, der beim Servieren zimmerwarm sein soll, der Flüssigkeit im Verhältnis der Massen Mischungswärme entzieht. Die Temperaturminderung ist aber geringer, wenn der Zucker in die größere Menge Milchkaffee kommt. Dieser Effekt gleicht den oben genannten genau aus.
Am einfachsten zu verstehen ist das Ganze, wenn man gleich mit den in Kaffee, Milch und Zucker enthaltenen Wärmemen-

gen argumentiert, die beim Trinken dem Körper zugeführt werden. Dann wird klar, daß bei sofortigem Trinken die Reihenfolge des Zusammenschüttens keine Rolle spielen kann, da wie auch immer zum Schluß die gesamte Wärme in den Körper gekommen ist, unabhängig von ihrer vorherigen Verteilung oder Umverteilung in den Ingredienzien.

Wer hoch hinaus will ...

Wasser siedet schon bei 37 °C (Körpertemperatur), wenn der äußere Druck auf 1/15 des normalen Atmosphärendrucks am Erdboden abgesunken ist. Dies ist real bei etwa 15 km Höhe der Fall. Der Salz- und Proteingehalt des Blutes erniedrigt dessen Dampfdruck um knapp 10 %.
Dadurch gewinnt man noch knapp 1 km. Ab einer Höhe von 16 km also kann das Blut ohne Druckanzug die in ihm gelösten Gase nicht mehr binden, sie entweichen und legen als Gasbläschen den Kreislauf lahm. Aus den Zahlen ergibt sich aber auch, daß Sie als Flugzeugpassagier noch nichts zu fürchten haben, da sich die zivilen Luftfahrzeuge in einer Höhe von maximal 10–12 km bewegen.

Für und wider

Der Unterschied liegt im Wärmekontakt mit der Umgebung. Der Konditor verhindert ihn (schließlich streut er das Salz ja nicht ins Eis, was dem Geschmack sicher abträglich wäre, sondern um den Eistopf); dadurch wird die Lösungswärme dem Kühlgut entzogen.
Auf der Straße verteilt sich dieser Wärmeentzug sofort auf die Umgebung und Atmosphäre. Das Auftauen beruht hier auf einer Gefrierpunktsenkung der Mischung Eis/Salz. Diese kommt übrigens dem Konditor auch zustatten: Sonst müßte sein Eiskübel festfrieren und der Kontakt mit dem Kühlgemisch würde sich verschlechtern.

Frostschutz

1 mol/l (die Stoffmengeneinheit 1 mol ist die Basiseinheit in der Chemie) Glycerin senkt den Gefrierpunkt um 1,86 °C. Um für eine Temperatur von −20 °C gewappnet zu sein, brauchen Sie also 11 mol des jeweiligen Stoffes, d. h., etwa 670 g/l Glykol oder 1000 g/l Glycerin.
In der Praxis braucht man nicht ganz soviel, denn der Eisbrei, der bei Unterschreitung des Gefrierpunkts aus dem Gemisch entsteht, hat keine Sprengwirkung mehr. Methylalkohol wäre viel billiger, und man brauchte nur etwa halb soviel, aber er verdampft allmählich aus der Lösung, so daß Sie laufend nachfüllen müßten. Auch mit rund 320 g/l Kochsalz könnten Sie übrigens den gleichen Effekt erzielen. Dem steht jedoch die Korrosionswirkung im Kühlsystem gegenüber.

Vertreterlatein

Wenn die 10-A-Sicherung nicht durchbrennen soll, kann man dem Gerät höchstens 220 V · 10 A = 2200 W = 2,2 kW entnehmen. Das entspricht einer Wärmemenge von etwa 30 Kalorien pro Minute. Sollen pro Minute 8 Liter durchlaufen, würden sich diese höchstens um 3,5 °C »aufheizen«. Das Heizgerät ist deshalb für die Warmwasserzubereitung so nicht zu gebrauchen. Werfen Sie den Kerl also zur Tür hinaus!

Karl May

Diese wären nur zu berechtigt! 2000 Fuß sind etwa 700 m. Bei einem solchen Abstand erscheint selbst ein Hüne nur etwa 0,6° hoch und 0,2° breit (Winkelabstand der Randstrahlen zum Auge des Betrachters), d. h. viel kleiner als die Sonnenscheibe, deren Durchmesser unter 0,5° erscheint. Die Steilheit der Wand ergibt außerdem einen so ungünstigen Blickwinkel, daß die Erkennbarkeit noch um einiges abnimmt. Da die

Lichtquelle (Sonne) größer ist als das beleuchtete Objekt (Gangster), kommt nur ein schwacher Halbschatten zustande, der sich auf etwa 30 m^2 verteilt. Der Schuß erfolgte also frei auf Verdacht.
Auch der 2. Teil der erfundenen Story ist physikalisch nicht haltbar. Aufgrund des Luftwiderstands erreicht ein fallender Körper nämlich nur eine Geschwindigkeit von maximal 70–90 m/sec und damit nur etwa ein Viertel der Schallgeschwindigkeit.

Wo Rauch ist, muß auch Feuer sein

Ein frisches Feuer erzeugt relativ große Kohlepartikel, die als Kondensationskeime für das aus dem feuchten Holz ausgedampfte Wasser und auch für das Verbrennungswasser dienen und sich dadurch vergrößern; Holzkohlenglut gibt feinere, trockene Teilchen ab. Rauch von frischem Feuer streut daher alle Wellenlängen von Licht und sieht vor dem dunklen Wald somit weiß aus. Gegenüber dem hellen Himmel bewirkt die Streuung eine starke Schwächung des Lichts, welches das Auge noch erreicht; dadurch wirkt der Rauch schwarz.
Die feine Rauchsäule der Kohlenglut streut überwiegend blaues Licht, weshalb sich das ungestreute Licht zu einem rötlichen Farbton zusammensetzt. Gleichzeitig ist die Streuung des blauen Lichts geringer als an den viel kleineren Streuzentren der Luft. Deshalb ist das Rot nicht hell und kräftig, sondern hat einen Braunstich.

Fotokunde

Ein Gelbfilter sieht gelb aus, weil er Violett absorbiert. Da jeder Schwarzweißfilm für Blau empfindlicher ist als für Rot, während das Auge sein Empfindlichkeitsmaximum im Grünen hat, sieht ein ohne Gelbfilter fotografierter Himmel fast so hell aus wie die Wolken mit ihrem weißen Streulicht. Erst ein entsprechender Filter stellt den vom Auge empfundenen Kontrast her, indem er das blaue und violette Streulicht des Himmels schwächt.

Wetterregeln

Die Streuung von Licht ist stark von der Wellenlänge abhängig. So wird blaues Licht in der Atmosphäre sehr viel stärker gestreut als rotes. Wasserdunst gleicht diese Unterschiede teilweise aus, so daß der Himmel blaßblau oder weißlich wird. Gleichzeitig schluckt er aber Licht, wodurch die Gesamtintensität abnimmt. Während also die ganze klare Luft das Sonnenlicht auch bei sehr schrägem Einfall (morgens und abends) noch fast ungeschwächt weiß durchläßt, führt feiner Wasserdunst zur Rotfärbung.
Daß die Abendkühle zu beginnender Kondensation Anlaß gibt, ist kein schlechtes Zeichen: Diese Abkühlung ist um so ausgeprägter, je klarer der Himmel und je geringer der dämpfende Wassergehalt ist.
Das nächtliche Temperaturminimum liegt kurz vor Sonnenaufgang. Dann sollte sich ein großer Teil der Luftfeuchtigkeit bereits niedergeschlagen haben, die Luft also frei von Tröpfchen sein. Rotfärbung zu diesem Zeitpunkt bedeutet also, daß noch viel Wasserdunst in der Luft ist: ein Anzeichen für schlechtes Wetter.

Himmelsbläue

Die Strahlen des einfallenden Sonnenlichts werden an den Luftmolekülen der Atmosphäre unterschiedlich stark gestreut. Die Stärke der Streuung ist abhängig von der Wellenlänge, also der Farbe des Lichts (s. S. 62). Blaues Licht wird dabei 16mal stärker gestreut als rotes. Deshalb kommt von allen Seiten des Luftmeeres über uns blaues Licht auf uns zu, und der Farbeindruck blau überwiegt für uns.

Graue Katzen

Auf der Netzhaut fangen Stäbchen und Zapfen die Lichtreize auf und leiten diese zum Sehzentrum im Gehirn weiter, wo daraus das Bild rekonstruiert wird. Im Dunkeln arbeiten nur die Stäbchen, die farbunempfindlich sind. Ihr Sitz ist hauptsächlich außerhalb der Fovea centralis (mittlere Netzhaut). Man sieht daher Gegenstände, die von der Seite ins Blickfeld treten, besser als bei direktem Anschauen. Dies ist ungewohnt und wirkt manchmal erschreckend (Gespenstersehen).

Fotopraxis

Auf die Mitte der Vollmondscheibe fällt ebensoviel Licht wie an einem Tropenmittag auf den Erdboden. Entsprechend seiner Rückstrahlfähigkeit (Albedo) von 0,07 wirft das Mondgestein aber drei- bis viermal weniger Licht zurück als das durchschnittliche Fotoobjekt auf der Erde. Die Entfernung spielt dagegen wie auch auf der Erde keine Rolle für die Helligkeitsverhältnisse. Da sie nur ¼ der Lichtmenge zur Verfügung haben, müssen Sie 2 Blenden weiter »aufmachen«, also Blende 8 verwenden oder die Belichtungszeit vervierfachen, was bei Freihandaufnahmen eventuell zum Verwackeln führen kann.

Röntgenstrahlen

Textilien haben praktisch die gleiche chemische Zusammensetzung wie lebendes Gewebe und daher auch praktisch das gleiche Absorptionsvermögen für Röntgenstrahlen. Die Knochen des menschlichen Skeletts setzen sich aus Kohlenstoff (C), Wasserstoff (H), Sauerstoff (O) und Stickstoff (N) zusammen, was zur stärkeren Absorption der Röntgenstrahlen in den Knochen führt. Auf Röntgenaufnahmen sehen die Kleider also genauso aus wie das, was darunter ist, mit Ausnahme des Skeletts.

Quarzuhren

Die Funktionsweise ist ähnlich wie bei einem Akkumulator (Stromsammler): Im Obst oder im Leitungswasser befinden sich Säurebestandteile, die aus den Metallenden geladene Teilchen, sogenannte Ionen, herauslösen. Nimmt man nun unterschiedliche Metalle, so entstehen unterschiedliche Ionen, und es bleibt eine unterschiedliche Anzahl von Elektronen an den Metallenden zurück. Dadurch entsteht zwischen ihnen eine Spannung, und es fließt Strom durch die Drähte und die Uhr.

Schwierige Trennung

Ganz einfach: Reiben Sie einen Eierlöffel aus Kunststoff mit einem Wolltuch, und halten Sie ihn über die Mischung. Der Pfeffer springt zum Löffel hoch und bleibt an ihm haften.
Der Kunststofflöffel wird nämlich durch die Reibung elektrisch aufgeladen und zieht daher die Mischung an. Die Pfefferkörnchen sind leichter als die Salzkörnchen und springen daher zuerst zum Löffel, sofern Sie ihn nicht zu niedrig halten.

Überholgefahr

Wir wollen den Seitenwind als Ursache einmal ausklammern, da das Phänomen auch bei Windstille beobachtet werden kann. Vielmehr entsteht bei beiden Fahrzeugen eine Art Bugwelle aus Luft. Es kommt zu einem Strömungsunterdruck, der beide Fahrzeuge aufeinander zutreiben läßt.
Auf diese Weise kam es übrigens vor etlichen Jahren zu einer damals zunächst unerklärlichen Schiffskollision.

Eiersuche

Ganz einfach: Bringen Sie auf einem Teller die Eier zum Rotieren. Nur das hartgekochte wird die Drehbewegungen fortsetzen und sich eventuell sogar wie ein Kreisel aufrichten. Die Flüssigkeit im Innern der rohen Eier verhindert das. Sie bremst durch ihre Trägheit die Bewegung sogar stark ab, es kommt nur zu einem Taumeln.

Vergrößerungsglas

Ursache ist die Beugung des Lichts an kleinen Öffnungen:
Die Lichtstrahlen werden an den Rändern zur Seite abgelenkt, der Einfallswinkel ins Auge dadurch vergrößert.

Gleichschritt

Viele (fast alle) technische Geräte, wie z. B. Maschinen oder Autos, sind schwingungsfähige Körper. Auch Häuser (besonders Hochhäuser) und Brücken müssen schwingen können, um den vielen Kräften von außen standzuhalten.
Nun könnte es ein, daß eine bereits schwingende Brücke (Resonanz) durch das periodische Stampfen einer überquerenden Soldatengruppe in ihren Schwingungen überlagert und verstärkt und die Brücke dadurch zerstört wird; dies könnte genau dann der Fall sein, wenn das periodische Auftreten der Soldatenfüße mit der Eigenfrequenz übereinstimmte.

Aus den Augen, aus dem Sinn

Licht wird beim Übergang von Luft in einen anderen durchsichtigen Stoff (hier Wasser) aus seiner geraden Richtung abgelenkt (»gebrochen«). Dieselbe geknickte Bahn durchläuft ein vom Geldstück reflektierter Lichtstrahl rückwärts auf dem

Weg aus dem Wasser zum Auge. Deshalb können Sie auf einmal »um die Ecke sehen«.

Observation

Nein, zaubern konnte der Beschattete wirklich nicht! Sein plötzliches Verschwinden hatte er vielmehr den Materialeigenschaften des Glases zu verdanken. Man weiß aus eigener Erfahrung, daß jeweils ein Teil der Lichtstrahlen durch das Glas hindurchgeht, der Rest jedoch reflektiert wird, was die Intensität des reflektierten Lichts beeinflußt (Spiegelbild). Trifft das Licht schräg auf, wird es beim Eintritt ins Glas gebrochen. Dabei stehen Einfallswinkel (in der Luft) und Brechungswinkel (im Glas) immer in einem bestimmten Verhältnis zueinander (der Quotient $\sin\alpha : \sin\beta$ ergibt die sogenannte *Brechungszahl* des Stoffes). Für den Spezialfall, daß der Brechungswinkel β gerade der Ergänzungswinkel des Einfallswinkels α zu 90° ist ($90° - \alpha = \beta$), kann das Glas kein Licht reflektieren. Dieser *Brewster-Winkel* beträgt für Glas etwa 56°.

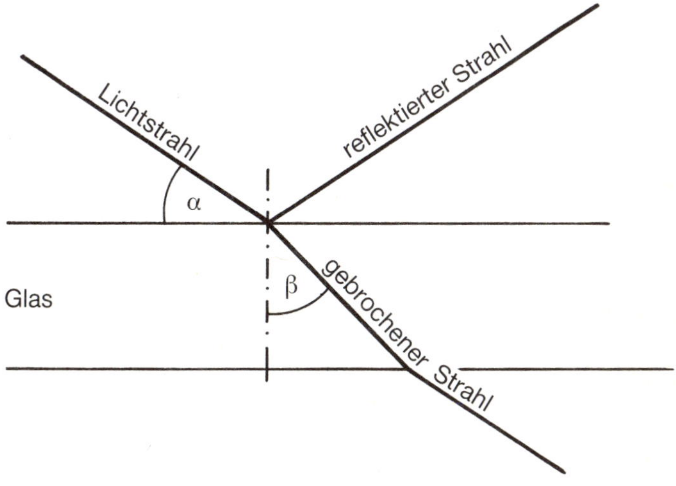

Da für die Reflexion die Beziehung Einfallswinkel = Ausfallswinkel gilt, muß Assistent Argus auch unter einem Winkel von 56° in die Scheibe gesehen haben, weil er ja kein Spiegelbild gesehen hat. Er braucht also nur – nun direkt – in die entsprechende Richtung von der Scheibe wegzuschauen und weiß dann sofort, durch welche Lücke sich der Verdächtige davongestohlen hat.

Tanz auf der Herdplatte

Kommt der Tropfen auf der Platte an, verdampft sofort seine unterste Schicht. Dadurch schwebt der Rest des Tropfens auf einer Art Luftkissen aus Wasserdampf. Nun sind Gase schlechte Wärmeleiter, weshalb dieser Wasserdampf eine Schutzschicht bildet. Erst wenn er unter dem Gewicht des Tropfens weitgehend zur Seite entwichen ist, kommt ein weiterer Teil des Tropfens mit der Herdplatte in Berührung, und das Ganze beginnt von vorn: Der Wassertropfen tanzt auf der heißen Herdplatte.
Das Leidenfrost-Phänomen tritt allerdings nur dann auf, wenn die Herdplatte genügend heiß ist; andernfalls ist die untere Dampfschicht zu dünn, um den Tropfen an seiner Verdampfung zu hindern.

Seekrank

Das Wissen über unsere momentane Stellung (Sitzen, Stehen, Liegen) bezieht das Gehirn aus 2 Quellen: dem optischen Eindruck des Auges und den Informationen des Gleichgewichtsorgans im Innenohr. Stimmen beide Informationen überein, ist alles in Ordnung. Bei Seegang aber kann es insbesondere unter Deck zu Problemen kommen. Während nämlich das Innenohr deutliche Schräglage empfindet, sieht uns das Auge relativ zum Zimmer aufrecht. Kann das Gehirn diese unterschiedlichen Mitteilungen nicht harmonisieren, reagiert es verwirrt; es treten dann häufig die Symptome der Seekrankheit auf.

Butterbrot

Dennoch kann dies mit den regulären physikalischen Gesetzen erklärt und sogar berechnet werden. Da eine auch nur halbwegs exakte Rechnung jedoch sehr langwierig und nicht ohne mathematische Tücken ist, wollen wir uns hier mit der Erklärung des Prinzips zufriedengeben.
Fällt einem das Brot aus der Hand, so rutscht es dabei über die an einem Ende unterstützenden Finger und wird durch die Reibungskraft in Rotation versetzt. Gleichzeitig führt die Erdanziehungskraft zu einer Bewegung nach unten. Beide Bewegungen überlagern sich. Normale »Haltehöhe« des Brotes von 0,8–1 m und normale Brotmenge mit Butter etwa 80 g vorausgesetzt, muß die Brotscheibe bis zum Boden mehr als eine Vierteldrehung, aber weniger als eine Dreivierteldrehung ausführen und landet so auf der beschmierten Seite.

Hochspannung

Gerade aus Gründen der Materialersparnis sind Hochspannungsleitungen vonnöten. Erzeugt nämlich ein E-Werk 440 Megawatt (etwa ⅓ der Leistung des Kernkraftwerks Biblis), so müßten bei der haushaltsüblichen Spannung von 220 V die unvorstellbare Menge von 2000000 A fließen (zum Vergleich: Eine Waschmaschine braucht etwa 20 A). Dieser Strom würde den Draht, durch den er fließt, enorm aufheizen (Tauchsieder!) und zerstören. Diese Wärme müßte auf dem Weg Kraftwerk/Verbraucher einfach an die Umwelt abgegeben werden, ohne daß man sie nutzen könnte – eine gigantische Verschwendung!
Überdies zeigt eine genaue Rechnung, daß der Kupfer»draht«, der diesen Strom ohne zu schmelzen aushält, einen

Querschnitt von 340 m^2 haben müßte: Das entspricht etwa dem Anblick der Fassade eines 10-Stockwerke-Hochhauses. Um nur 100 km (200 km Hin- und Rückweg) zu überbrücken, hätte man außerdem bereits rund 605 Mill. Tonnen Kupfer zu verarbeiten – mehr, als auf der gesamten Erde zu finden ist!
Auch auf das Durchhängen kann nicht verzichtet werden. Metalle dehnen sich nämlich bei Erwärmung aus und ziehen sich beim Abkühlen zusammen. Diese Längenänderung ist zwar gering (bei Kupfer 0,017 mm pro Meter und Grad), jedoch bei Temperaturunterschieden zwischen Winter (etwa −20 °C) und Sommer (bis +40 °C und einer Distanz von Mast zu Mast von z. B. 100 m ergibt das immerhin 10,2 cm Längendifferenz, die einen Durchhang von mehr als 2 m verursachen!

Spiegelbild

Das Herz meines Spiegelbilds ist, absolut betrachtet, auf der gleichen Seite wie meines, mein linkes Ohr ist auf der linken Seite der Spiegelfläche zu sehen, mein rechter Fuß auf der rechten Seite der Spiegelfläche usw. Nur für Bauch und Rükken stimmt das nicht: Der dem Spiegel zugewandte Bauch ist auch wieder vorne im Spiegel zu sehen, der Rücken (soweit erkennbar) hinten. Strenggenommen vertauscht der Spiegel also vorn und hinten.
Subjektiv sage ich jedoch nicht, vorne und hinten seien vertauscht. Dann aber muß ich die Umkehrung einer anderen Richtung in Kauf nehmen. Dabei ist es zunächst Geschmackssache, ob ich mich für »seitenrichtig, aber auf dem Kopf stehend« oder für »aufrecht, aber seitenverkehrt« entscheide. Da aber für uns die Mittelachse des Körpers eine wichtigere Rolle spielt als die Querachse von Hüftgelenk zu Hüftgelenk, entscheide ich mich für die 2. Version. Daß dies nichts mit der senkrechten Mittellinie des Spiegels zu tun hat, wird deutlich, wenn man sich quer vor einen Spiegel auf den Boden legt.
Das Verwirrende hierbei ist, daß Angaben wie »rechts« und »links« am Spiegel offensichtlich zweideutig sind. Links und

rechts wird erst dann eindeutig, wenn man die Blickrichtung mit angibt; insofern vertauscht der Spiegel also gar nicht rechts und links, wenn man das Spiegelbild nicht wie oft üblich von hinten, sondern von der tatsächlichen Blickrichtung (also von vorn) beurteilt!

Kneipenbekanntschaft

Urteilen Sie selbst: Der aufgenommene Alkohol kommt über den Magen-Darm-Trakt ins Blut, wird von diesem an das Körpergewebe abgegeben, wobei sich ein Gleichgewichtszustand einstellt, und wird dort schließlich abgebaut. Der entscheidende Zeitraum ist dabei der bis zum Erreichen dieses Gleichgewichtszustands. Ihr schwergewichtiger Bekannter hat also genau dann 0,8 Promille, wenn er bei 125 kg Körpergewicht 100 g Alkohol aufgenommen hat.
Nehmen wir an, Sie haben sich an einer normalen Biersorte gütlich getan, so enthält das Bier etwa 4 % Alkohol. Waren die 10 Bierchen wirklich kleine Biere zu je 0,2 l, so ergeben diese 10 Biere genau 2 l Bier und damit etwa 80 g Alkohol. Auch der Korn möge ein einfacher und nicht etwa ein Doppelkorn o. ä. gewesen sein; dann enthält er etwa 32 Vol % Alkohol. In ein Schnapsglas passen bis zur Eichmarke 0,02 l, was bei 10 Schnäpsen bereits 0,2 l Schnaps ausmacht. Da nun Alkohol mit 0,78 g/cm^3 leichter ist als Wasser, sind in 1 l bei 32 Vol % etwa 249 g Alkohol, in 0,2 l Schnaps also etwa 50 g Alkohol.
Mit den Bierchen addiert sich das auf ansehnliche 130 g Alkohol oder 1,04 Promille!
In einer Stunde werden nun etwa 0,1 Promille wieder abgebaut, es verbleiben also zur Zeit Ihres Disputs noch mindestens 0,6–0,7 Promille! Da bei reichlichem Essen die Aufnahme ins Blut zudem langsamer erfolgt, wird es sicher reichen.
Bei den vielen Zirkaangaben aber sollte man sich hier dennoch nicht auf eine Rechnung verlassen. Hat etwa der Wirt viel-

leicht zu großzügig eingeschenkt, darf man bei den Bieren und den Schnäpsen noch etwas zugeben; 10 g mehr Alkohol machen fast 0,1 Promille aus. Außerdem muß berücksichtigt werden, daß das Bier im Norden Deutschlands alkoholreicher ist als im Süden. Bei gleicher Getränkemenge errechnen sich bei 5–6 % (Alkohol im Bier) bis zu 170 g Alkohol und trotz des zeitbedingten Abbaus noch eine Restmenge von etwa 1 Promille!
Ein Blick auf die einschlägigen Gesetze zeigt ferner, daß im Zweifelsfall schon weniger als 0,8 Promille strafrechtliche Folgen haben können.

Beschlagen

Nein, natürlich nicht! Gläser beschlagen nur, wenn sie plötzlich von der Kälte in die Wärme gebracht werden, weil dann die kalte Oberfläche des Glases die sie berührende Luft abkühlt und es dabei zur Kondensation der in der Luft enthaltenen Feuchtigkeit kommt. Lassen Sie sich also nicht davon abhalten, Ihre Kamera einzusetzen!

Schneeballschlacht

Beim Formen des Balls mit der Hand wird erstens dem Schnee Wärme zugeführt, außerdem die Temperatur der Balloberfläche durch den Druck der Hände weiter erhöht. Reicht dies aus, die Oberfläche kurzzeitig zum Schmelzen zu bringen, so bildet die danach sofort wieder frierende Oberschicht eine Art Haut um den Schnee. Sind die Außentemperaturen aber zu tief, kann dieser Vorgang nicht mehr ablaufen; der Schnee bleibt pulverig.

Kullerpfirsich

Durch die im Sekt gelöste Kohlensäure perlt der Sekt (man sagt auch, er »moussiert«). Dieses Gas sammelt sich nun an Unebenheiten so lange, bis die Gasblase derart nach oben drückt, daß sie unter Drehen des Hindernisses Pfirsich entweichen kann. Dafür sorgen prinzipiell schon die feinen Härchen des Pfirsichs. Da sie aber gleichmäßig auf seiner Außenhaut sitzen und sich deshalb die Dreheffekte weitgehend aufheben könnten, ist es für die Drehbewegung fördernd, durch gezielte Stiche an verschiedenen Stellen größere Unebenheiten zu erzeugen.

Vergaserfrost

Das Verdampfen des Benzins, das der Luftstrom aus der Vergaserdüse saugt, erfordert Wärmeenergie. Diese muß aus der Luft kommen, wodurch sich die Luft abkühlt. Kühlere Luft aber hat eine geringere Sättigungsfeuchtigkeit, d. h., sie kann weniger Wasser binden. Das überschüssige Wasser kondensiert demnach aus, schlägt sich auf der Luftklappe nieder und bildet dort eine Eisschicht, wenn der Luftstrom die Temperatur entsprechend sinken läßt. Dies kann geschehen bei Außentemperaturen zwischen +10 und −5 °C und relativen Luftfeuchtigkeiten zwischen 65 und 100 %.
Bei wärmeren Temperaturen kondensiert zwar auch Wasser, es kann sich aber keine Eisschicht mehr bilden; bei tieferen Temperaturen wird die erforderliche Luftfeuchtigkeit nicht mehr erreicht.

Die Rache des Archimedes

Nun, so genau weiß man das nicht. Immerhin müssen die Römer in einiger Entfernung geankert haben, da sie sonst sicher versucht hätten, die Spiegel durch Wurfgeschosse zu zerstö-

ren. Schon bei einer Entfernung von 75 m aber, die dann auch der Brennweite entsprechen muß, da die Sonnenstrahlen im Brennpunkt vereinigt werden und nur dort die Flammtemperatur von Holz (627 °C) erreicht werden kann, benötigt man Hohlspiegel mit einem Durchmesser von mehr als 6 m! Dies entspricht dem Durchmesser des großen Teleskops der Sternwarte auf dem Mt. Palomar und wäre damals mit genügender Präzision sicher nicht zu bauen gewesen.
In den Aufzeichnungen von Livius und Plutarch ist sehr viel von Gefechten auf kurze Distanz die Rede (dies erklärt die Wirkung der ebenfalls von Archimedes ersonnenen Steinschleudern); und auch Polybios (alle drei waren Geschichtsschreiber) erwähnt die Spiegel nicht.
Dennoch sollte man die Todesstrahlen des Archimedes nicht einfach ins Reich der Phantasie verbannen. Einem griechischen Ingenieur gelang es nämlich 1973, mit Hilfe von 70 Männern, die jeder einen Planspiegel von 1,5 × 1 m hielten, ein 50 m entferntes Ruderboot in Sekundenschnelle in Flammen aufgehen zu lassen!

Jahreszeiten

Entgegen der landläufigen Meinung ist die Erde sogar im Winter näher an der Sonne als im Sommer. Die unterschiedlichen Temperaturen liegen vielmehr daran, daß die Erdachse gegen die Erdbahn geneigt ist. Dadurch steigt die Sonne im Sommer höher über den Horizont, die sichtbare Sonnenbahn wird länger, die Wärmemenge, die im Laufe eines Tages auf die Erde trifft, größer. Da jedoch Atmosphäre und Erdboden noch vom vorangegangenen Winter ausgekühlt sind und sich erst langsam erwärmen müssen, verschieben sich die spürbaren Temperaturänderungen um den genannten Zeitraum (im Winter geschieht das gleiche in umgekehrter Richtung).

Himmelsleuchten

Das Zodiakallicht entsteht durch Streuung des Sonnenlichts an interplanetarischem Staub innerhalb der Erdkreisbahn. Da dieses Streulicht sehr schwach ist, kann es nur bei fast völliger Dunkelheit bemerkt werden. Übrigens ist bei stärkerem Licht, z. B. durch die Lichter einer nahen Stadt, auch die Milchstraße weitgehend überdeckt, obwohl sie eine riesige Ansammlung von Sternen ist, zu der auch unser Sonnensystem gehört.

Hörst du das Rauschen . . .?

Hält man die Muschel dicht ans Ohr, ist dieses von allen Umweltgeräuschen abgeschirmt. Die Muschel dagegen bleibt für die ankommenden Schallwellen empfänglich. Diese erregen die in der Muschel enthaltene Luft zu Resonanzschwingungen. Die nun in der Muschel entstehenden Schallwellen dringen als auf- und abschwellendes Rauschen an unser Ohr und geben uns die Illusion ankommender und davonziehender Meereswellen.

Gezeiten

Natürlich sind die Massenanziehungskräfte nicht unschuldig an diesen Naturschauspielen, aber sie sind nicht die einzige Ursache. Sonst müßte nämlich in der Tat auf der mondfernen Seite der Erde Ebbe sein, wenn »gegenüber« Flut ist!
Zu den Anziehungskräften kommen jedoch noch Zentrifugalkräfte (solche Kräfte kennen Sie z. B. vom Kurvenfahren). Sie haben ihre Ursache darin, daß Erde und Mond sich um einen gemeinsamen Schwerpunkt drehen, der noch innerhalb der Erde liegt (im Abstand von etwa $5/7$ des Erdradius vom Erdmittelpunkt entfernt, auf der mondzugewandten Seite). Deshalb sind die Zentrifugalkräfte auf der mondfernen Seite sehr viel stärker als auf der mondnahen Seite, gleichen dort die Anzie-

hung durch den Mond aus und drücken darüber hinaus sogar das Wasser von der Erde weg: Es entsteht auch hier Flut.
Der Einfluß der Sonne ist trotz großer Masse übrigens wegen der riesigen Entfernung viel schwächer als der des Mondes (etwa 40 %). Dennoch darf man ihn nicht einfach vernachlässigen. Stehen sich nämlich Sonne und Mond gerade gegenüber (Vollmond) oder in einer Richtung (Neumond), so verstärken sich ihre Wirkungen, es kommt zur Springflut. Stehen sie dagegen im Winkel von 90° zueinander (Halbmond), so schwächen sie sich gegenseitig in ihrer Wirkung, es kommt zur Nippflut.

Ende des Lichts

Theoretisch ist das auch so: Das Licht wird schwächer einmal deswegen, weil die Lichtstrahlen nicht parallel laufen, sondern sich kegelförmig voneinander entfernen und deshalb mit steigender Entfernung von der Lichtquelle immer weniger Licht auf 1 cm^2 entfällt. Zum anderen aber wird das Licht durch Streuung in der Atmosphäre abgelenkt und so sogar exponentiell geschwächt.
Das plötzliche Ende jedoch hat keine physikalischen, sondern physiologische Gründe. Ab einem bestimmten Minimum reicht die Lichtintensität nämlich nicht mehr aus, um die Nervenzellen in der Netzhaut anzuregen, gelangt also unter die Empfindlichkeitsschwelle des Auges. Das bedeutet, es ist zwar noch Licht da, kann aber vom Auge nicht mehr wahrgenommen werden. Von diesem Moment an wird es für uns schlagartig dunkel.